AQUARIUS

AQUARIUS

很喜歡〈華山論劍〉裡面的一句歌詞：「論武功，俗世中不知誰高？或者，絕招同形異路……」

人壽保險的銷售過程艱辛苦難，也滿布曲折；除非我們深信所銷售的產品帶給客戶的好處，且心中充滿愛心，否則，就是學會了各式各樣的絕招，終究是無法贏得客戶的心，贏得成交！

——林裕盛

目錄

功夫——千萬業務來自千萬努力

功夫

千萬業務
來自千萬努力。

林裕盛

【自序】

頂尖推銷員的終身學習

學習是為了成長，成長是為了成功（一個人），成功是為了成就（一群人），成就是為了回饋。

這是我最喜歡的「成功方程式」，看得出來一切成就的起點皆在於「學習」。當然，學習和成長之間還要加上一道「改變」，不願意改變思想、行為、行動、決心、習慣……如何能成長呢？

所謂Top sales的八大能力：

Target 目標

Optimism 樂觀

Prepare/Prospect 準備／準客戶

Skill/Study 技巧／學習

Attitude 態度

Lifetime learning 終身學習

Exercise/Execute 練習／執行

八大能力或是八大特質裡，「學習」就占了三個。可以這麼講，沒有學習就沒有成長；沒有學習甭談成功了。All leaders are readers.世上所有領導者皆酷愛學習。長榮集團張榮發先生曾說：「除了做壞事，我什麼都學！」

如果說《英雄同路》是塊狀邏輯性很強的學習；本書則是點狀衝擊性思考的學習！

二〇一一年二月《英雄同路》上市後，心情很是輕鬆，想想終於完成了第十本大作，完完整整陳述了一個人從事保險事業想成功發展的思路與作法。同年三月到深圳演講，當時的友邦保險朱偉小姐，在演講休息室跟我輕鬆聊天，話鋒一轉道：「盛哥，您大陸粉絲這麼多，為什麼不在微博上開個戶，再把您日常工作的一些心得分享給大家呢？」那是我第一次聽到「微博」這個名詞，也就是這本書的緣起。謝謝朱偉小姐。

之後就是兩年的微博旅程。

心中有愛就不怕路途艱苦，心中有愛就不怕路程遙遠！每一篇微博的發表大抵在深夜時分，把我當日或近日工作心得或學習心得，點點滴滴用文字傳達給微博讀者（或親愛的ＦＢ粉絲）。當然，這期間大家的迴響，是我在每一天精疲力盡回家後，還能賈其餘勇書寫微博的最大動力，然後在每篇一百四十字的規範裡盡情演出……

有激勵的：

「還沒有進入壽險業之前，我們已經背負了所有親朋好友『注定失敗』的詛咒。如果真是這樣子黯然離場，是我們抱著『雖千萬人吾往矣』進入這個行業的初衷嗎？成功的關鍵因素在於我們真的拚盡全力了嗎？我是否願意為目標付出所有的代價？面對壽險事業，我真的有把它當作事業在經營嗎？拚盡全力（拚命、賣命、賭命），我們就不可能失敗！」

有作業實務的：

「分辨『推諉』與『真正的疑問』。」新人常常陷於準客戶各式各樣的拒絕迷障而不自知。「保費太高了！」「收益太低了！」「我甚少生病。」……總是天真的以為只要解決了準客戶的問題後就可以輕鬆成交；殊不知，當你解決了一個反對問題，隨之而來的是另一個問題。你有解決不完的反對問題，客戶樂得輕鬆。因為，你不是一流的成交員，充其量只是一個三流的「反對處理員」！

有理財的：

「【必須告訴大客戶的理念】寫著：人們常常分不清理財與投資。有錢人的理財重點是如何安排賺到的錢（上了岸就千萬不要再跌回水裡）；而投資則是解決如何爬上岸的問題。對富人來說，保險可能不會讓你變得更有錢，它的功能在積聚和保存，確保你一輩子辛苦掙來的錢，不會在未來的某一天，突然消失。」

有成功哲學的：

「我們都需要【目標和期限】。偉大的目標讓我們興奮，激勵我們前進，最後的期限

讓我有所成就。沒有目標，我們不知要到哪裡去；沒有期限，我們哪兒都去不了！」

當然，後面的旅程就交給你：讓你一一去探索了。

做保險，或者從事任何業務，細碎的時間很多，等客戶，等交通工具，工作休閒時的一點空檔，你可以翻開本書的任何一頁、任何一篇，輕鬆學習，零碎閱讀，並隨時修正技巧、校正心態。學習不一定要很刻板，也不一定要在課堂上很刻意。只要你有心，成長就在你不經意的學習改變之中，而成功，也就指日可待了。

最後要衷心感謝在微博上跟我互動，我也從中學習到很多的好友粉絲、前輩們：陳君、胡柳、葉雲燕、邱冰、趙夢露、周濤、劉宗銀、黃廣成、高興教授……沒有大家的無私分享，就沒有裕盛的成長，更沒有此書的誕生！壽險事業因大家的奉獻灌溉、傾注全力的拚搏而更加輝煌！誠摯的謝謝！

論武功，俗世中不知誰高，

或者，絕招同形異路。

千萬業務一創見，天天莫忘推銷，日日莫忘增員，學習行動激勵校正365，則成功365！千萬業務來自千萬努力——「說遍千言萬語，踩遍千山萬水，嘗盡千辛萬苦，統帥千軍萬馬。」這就是我們最大的「功夫」，輕鬆學習，成功上路，英雄終同路！真摯的祝福大家。

有你們英雄同路，我不得不下千萬功夫！

林裕盛　二〇一三年四月十四日

Vision

一些人物，
一些視野，
一些觀點，
與一個全新的遠景！

AQUARIUS

AQUARIUS

@工作大不同

做業務，不見得會富有，不做業務，連富有的機會都沒有！

001

選擇一條業務的路，當然很孤獨，你並不一定非得終老於此，但年輕時有一段業務的經驗，對你日後在任何崗位上都彌足珍貴。更何況，觀察世上所有大企業的CEO，哪一個不具有業務的底子呢？

2011-04-05
23:09

002

基金投資：一，耐心長期投資；二，低檔勇於加碼；三，定期吸收新知檢視投資；四，建立核心投資組合。「恐懼扼殺了追逐美好的欲望！克服恐懼，備足銀彈，勇於低檔加碼。」加油！

2011-04-16
13:11

功夫——千萬業務來自千萬努力

與高手同行，向高手學習。

003

再談「克服恐懼」。一，專業能力；二，核心能力。專業能力是指你知道要做什麼（連知的功夫都沒有那就甭提了！）核心能力才是致勝關鍵！指的是大膽下注、落場搏鬥。勇於低檔加碼、敲開每一扇陌生的門、向陌生人開口。核心能力就是「膽識」！專業能力頂多讓你立於不敗；核心能力方能助你贏向成功！共勉之！

2011-04-16
16:26

004

人生終極目標是什麼？己立立人；己達達人。如此而已！

2011-04-17
21:34

005

恐懼，阻礙了追逐美好的欲望！克服恐懼最好也是唯一的方法是，一直去做讓你恐懼的事直到它消失為止！

2011-04-21
22:42

006

成功的公分母：力行於別人所不願意做的事，並且持之以恆！

2011-04-21
22:49

007

《人神之間》，悶到想睡又無法入睡的電影，有些對白有意思。傳教士說：「我們像樹枝上的鳥，不知道要不要走？」女村民云：「我們才是鳥，你們是樹枝，你們走了，我們就無枝可棲。」一家之主是樹枝，家人是棲息的鳥；主管和業務員的關係亦如是。永恆的愛，愛能包容一切，野花不會隨便移動去找陽光，陽光會找到它。門徒應該忠於師父。

2011-04-24
00:44

功夫——千萬業務來自千萬努力

008

拜託大家不要再瞎起鬨，什麼天王不天王的！我們都是平凡的人壽保險推銷員。牢記「平凡自己去見客戶，豪華自己吸引別人」！客戶才是我們的天老爺子！至於增員，是因為我們想提拔他或者組建志同道合的創業夥伴（郭文德董事長這樣教誨我們）。其實南山人個個都是天王，因為我們是最艱苦卓絕的一群，同時，我們共同擁有一個天王保險公司：「南山人壽」！傲氣長存，待風雨過後，必定是彩虹滿天！我們齊心協力，一定能重返榮耀更創高峰！不只看一次哪！因為不只在保險上，成功者的心態也是要常貼近才能模仿的呢！

2011-05-08
23:57

009

做人天真，做事認真，目標當真！

2011-05-23
19:17

林裕盛

010

颱風還沒有決定動向，就像客戶還沒有決定購買一樣；差別是颱風或許會帶來災害，買保險卻帶來絕對的幸福！你和客戶之間。

2011-05-24
16:13

011

我們沒辦法改變颱風的動向，但卻可以竭力創造彼此的幸福，我們和客戶之間！

2011-05-24
16:18

功夫——千萬業務來自千萬努力

向郵票學習——不達目的地，絕不鬆手！

012

阿里巴巴集團董事長馬雲說，男人最重要的是眼光、胸懷和實力。有眼光沒胸懷的人很可怕，要有胸懷就得吃下很多的委屈。人壽保險推銷員不也是如此嗎？不要抱怨這個行業有那麼多委屈（推銷與增員）；哪個行業的成功者不是穿越屈辱而出呢？如果你還不夠成功，代表你吃的苦還不夠。要明白，成功的人所面對的困難、遭受過的打擊，比你想像的多太多了！

2011-05-30
23:39

013

辛勤工作，卯盡全力，作為今年辛卯年的座右銘吧！面對每一個艱困的案例，常自思：我真的卯盡全力了嗎？「我已經盡力了」每每成為失敗最好的藉口！要盡全力去拚搏，注意「拚搏」這兩個字。不達目的地，絕不鬆手！

2011-05-31
21:09

014

如果一個剛結束的競賽沒有達標，可以原諒；但下一次呢？我們的人生不可以以失敗收場！避免失敗的唯一方法，就是下決心獲得成功！失敗到此為止，勝利從此展開！祝福你捲土重來，就在今夜，這一刻！

2011-05-31
22:48

015

如果你常常聽到朋友抱怨現在的工作如何不好、如何沒有未來等等，可是卻裹足不前，其實心裡很替他覺得難過。沒有人綁住你、要你動彈不得，既然是自己作繭自縛，就不要抱怨東抱怨西了。如果不想認清自己就是失敗者，那就請他到爭一時更爭千秋的壽險事業拚搏，是英雄就同路吧！

2011-06-07
00:41

功夫——千萬業務來自千萬努力

有些行業只有一時（短暫的收入）看不到未來；有些行業（忽悠你的）老闆只訴求遙遠的未來，眼前沒什麼收入；人壽保險事業卻是爭一時（迅速的首期收入或快速積累人脈）更爭千秋（累積性的未來收入）！試著在增員面談開始時，用一張A4白紙在中間寫下這一行字：「爭一時更爭千秋」，啟動對方的思維。

2011-06-07
17:43

這一句「爭一時更爭千秋」就可以把壽險制度和一般工作其他事業比較得淋漓盡致！請自備紅筆把一時和千秋圈起來，娓娓道來你的自信和視覺效果，會漸漸收攏準增的防衛心，並在內心深處由驚訝到景仰你的專業能耐漸次瀰漫……不一定要自備A4紙張，面談餐廳的餐桌紙空白處亦可，正所謂「高手折枝為劍」。

2011-06-07
21:48

林裕盛

018

「套（養）交情」加「求人兵法」等於快樂成交！我們的使命是服務、照亮、救人；不能參透這一崇高理想，永遠無法進入壽險事業的巔峰殿堂！

2011-06-09
14:37

019

抗壓性是好事快成局時的沉著；抗挫性是結局不如預期時的豁達！兩者缺一不可。

2011-06-12
15:54

020

沉著讓好事終成真，豁達方衍生新力量，迎接每一個到來的挑戰。

2011-06-12
20:13

功夫——千萬業務來自千萬努力

021

推銷在積累對方的人情壓力；增員在累積對方的inside power！善用你的投資性支出，向前狂奔去！

2011-06-16
22:12

022

只承擔小事會讓人失去熱情！人生中沒有比你勇敢去承擔風險（Risk Taking）更有價值的事了！我們必然會在人生、特別是在銷售生涯的某個時刻失敗，你必須保持樂觀開闊的心重新站起來（人性最偉大的光輝不在永不墜落，更在於墜落後能重新升起），勇於失敗勇往直前，你會發覺失敗的背後原來充滿了無限的機會！

◎成功者不斷跨越，失敗者畏縮不前。牢記生命苦短，青春打拚的歲月極其有限（呵呵，轉眼我已五十七歲了，好快哦，二十六歲時入行的青澀歷歷在目），唯有無畏橫逆一逕向前！放一顆「卒」在抽屜裡，挫敗失意時相互凝視，然後收拾淚水，笑臉迎接每一個到來的挑戰！

2011-06-18
18:41

林裕盛

023

有一句話說：「結合熱情與社會貢獻的最終目標，就是通往快樂的道路。」人壽保險的社會貢獻度毋庸置疑，問題是熱情到哪裡去了？沒有人從小立志做保險的，因緣際會我們踏上了這條路，只能從後者反推去激發你的熱情。要知道，客戶永遠是那一壺冷水，營銷員是永不熄滅的火爐，除了熱情積極，我們還能擁有什麼？

2011-06-23
20:18

024

陌生式開拓的當朝準則是：「不要讓恐懼戰勝渴望！」在不斷的努力中尋找運氣（增員的撲克牌理論❶），好運永遠眷顧勇者：「Fortune favors the bold!」能力下焉者，請他來我們這個行業「翻轉宿命」；能力上焉者則「翻轉身手」；幫助一個人翻身擁有一份事業為什麼要恐懼呢？你不試，永遠不知道助人的快樂在哪？

❶出自《英雄同路》頁一九一。

2011-06-24
13:52

功夫——千萬業務來自千萬努力

少年的時光就是晃，用大把時間徬徨，只用幾個瞬間來成長。

有人說：「次等人攀龍附鳳，一等人成龍成鳳。」我的想法是一，先攀龍附鳳（毋須卑躬屈膝，但得觀察入微，善體人意，進退得宜）；二，自己成龍成鳳；三，讓別人攀龍附鳳。已經成功的人：「Give your hand!」成為提攜後進最最溫暖的話語。攀爬的過程談不上艱辛，唯攻頂後不忘拉拔後輩，恰似當年引頸企盼翹首雲端的你。

2011-06-25
23:58

如果這個世界上只剩下人壽保險這個行業，你何恐懼之有？如果每天都思索著客戶與團隊的經營，你何壓力之有？營銷員鎮日畏懼拜訪怯於開發是「認同」出了問題，給自己找了太多退路；終日閒閒易色，不思業績收入的提升，生活的壓力自然排山倒海而來，根本問題是「懶惰」！做到絕處才有活路，天道自當酬勤！

2011-06-27
23:22

027

電影《命運規劃局》的男主角發表敗選感言：「小時候我們打架輸了，重點是站起來後要做什麼？」營銷員一個案例無法成交，「失敗後知檢討為成功之母！」相較於多數沉溺於挫敗的深淵不可自拔，一流的營銷員卻懂得向失敗學習捲土重來！即使跌倒了也要抓把泥土起來！更何況在我們這個行業，永遠沒有失敗，只有尚未成交。

2011-06-28
19:42

028

美媒讚「妮」上看二十座大賽冠軍！美國運動作家墨菲指出：「多年來媒體在LPGA栽培一個錯誤的寵兒——魏聖美。如果要找一個能創造高球歷史的偉大球星，應該是曾雅妮而不是魏聖美。」恭喜雅妮只有二十二歲就集到四個大賽冠軍，比男子伍茲、女子朴世莉還年輕！難忘張愛玲名言：「成名要趁早。」英雄出少年，在壽險業亦當如是！

2011-06-28
21:54

功夫——千萬業務來自千萬努力

029

你必須要有一個認知，選擇這個行業不單只是為了賺錢（很多行業可以賺更多的錢），而是可以接受許多生命中難以遭逢的磨練。一旦你下定決心要走這一條孤獨的路，一旦你經歷過無數顛盪起伏的繁華和蒼涼，你就會茁壯成長，也才會變成熟。而這些人格特質的養成，是金錢無法置換的！更是其他行業無法給你的。

2011-07-02
10:55

030

初入保險業，總是有「好心」的前輩告訴你一些似是而非的「道理」：「不推銷馬上死，不增員慢慢死！」弄得你無所適從，既然橫豎是死路一條，何必走上這條路？事實的真理永遠只有一條：專注（拚命）推銷，放眼增員，擁抱壽險事業！你可以先推銷後增員，邊推銷邊增員，甚至只推銷不增員。千萬收入來自千辛萬苦！

2011-07-07
13:24

林裕盛

031

人生偉業貴在「選擇」！千萬睜大眼睛。千萬收入來自：說遍千言萬語、走遍千山萬水、嘗盡千辛萬苦；甚而統帥千軍萬馬！保險公司只會在你付出最多的地方給你最多！堅持銷售、堅持發展直轄，永遠是我們的倚天劍與屠龍刀！推銷是主旋律，增員是硬道理，兩手抓，兩手都要硬！天底下沒有既要偉大又要舒服的事！

2011-07-07
17:13

032

機會永遠給準備好的人！沒有準備，至少要有一股傻勁和衝勁去敲開每一扇命運之門！

2011-07-08
17:43

功夫——千萬業務來自千萬努力

最大的困難代表最高的收入與最深的挑戰。

下午在揚昇球場的創說會（一千七百人）放了一首女歌手丁噹的〈我是一隻小小鳥〉。「生活的壓力和人性的尊嚴到底哪一個重要？」如果說能力是銀牌，人脈是金牌，思維則是王牌，思維牽動著「選擇」！選擇永遠是人生規劃的難題。我的看法是，人壽保險業既贏得客戶對我們的尊重，同時解決了生活的壓力，何樂而不為呢？

2011-07-09
23:56

到底你一年的青春值多少錢呢？二十五歲一年人民幣五萬元你甘心嗎？二十六歲一年人民幣六萬元你又甘心嗎？結論是，不管你是正在起跑點，還是人生的轉捩點，「人壽保險」都是你的最佳選擇！陽光絢爛，風雨同行，帶著你的勇氣，上路吧！

2011-07-10
00:19

035

保險做好了，何妨開始打球吧！世上最難增員的兩件事——做保險與打高球。大家既已完成一半，何妨帶著全家去打球吧！記著，全世界最美的地方，天涯與海角，都有一座高爾夫球場，等著你去！

（最喜歡三亞鹿回頭、深圳雲海谷、麗江玉龍雪山、中山長江、杭州富春山居、上海佘山高球場。啊，太多了。）

2011-07-12
00:40

036

已回到台北。每次演講時看著台下一張張青春洋溢的面龐，熱切期待的眼神，總是讓我激動不已，在你們身上彷彿看到了當年的自己！讀著你們的迴響更是讓我感動，「別的推銷員會的，我都會；我會的，你們也一定會！」所以我總是毫不保留地傾囊相授，演講也好，文字也好，心裡面就是那股對你們的殷殷企盼！

2011-07-15
17:19

功夫——千萬業務來自千萬努力

037

我們在這裡共度了一下午的快樂時光！青春的面龐，對未來充滿了憧憬與渴望。選擇了路的開頭就選擇了路的盡頭！奮勇向前吧祝福大家！

@夏笛回應：「不要換來換去的」，戰神盛哥這句樸實的話一直激勵著我們。主管可以換，公司管理層可以換，甚至公司名稱都可能被換，唯有對客戶的一紙承諾不能換！我們以您為榮！

2011-07-16
12:34

038

年輕人進入這個行業總愛說：「我試試看！」你可以先去別的行業試試，我們這個行業可不是給你試的，抱著這種心態入行是不會成功的！道理很簡單，既然是試試，心態上就不可能全力以赴、放手一搏，留了退路的作法最終也只會以失敗收場！難增員易輔導，寧可在進入前仔細思量，你有看過槍響後還原地踏步的跑者嗎？

2011-07-17
18:57

039

生活的壓力和生命的尊嚴到底哪一個重要？人壽保險事業贏得了客戶的尊重（成交之後），同時解決了生活的壓力（凌駕其他推銷員之上），透過我們的積極熱情實現了穿越極刻苦的使命！尋尋覓覓一個溫暖的懷抱，一個偉大的事業，這樣的要求，算不算太高？

2011-07-18
20:44

040

新手的第一個困境是：熟的人不好意思開口，不熟的人沒有勇氣講。新印的名片帶在身上三個月了，每天晃來晃去一張也發不出去，真是情何以堪！甚且氣勢還很強的告訴主管：「先做陌生人，熟人我不做！」殊不知自己犯了思想上的大錯，熟的人你都推銷不動了，如何去跟一個對你一無所知的人銷售？牢記：「思維才是王牌！」

2011-07-19
15:02

功夫——千萬業務來自千萬努力

041

人生的兩大難題是「懷才不遇」與「懷財不遇」。關鍵都在位置的選擇！人賺錢是正比，錢賺錢是反比，財富的累積反比占了九成！選擇行業要智慧，理財更需要不斷的學習，積累智慧與放膽投資！

2011-07-21
12:49

042

「大學畢業即投入壽險事業內心充滿恐懼」，這該如何克服？恐懼前面加個戒慎兩字就非常好，代表你進入這個行業事先思慮周密並充滿期待！在準客戶面前，你就是個新手，不用裝成熟與老到，裝了反而壞事。保單滿期或任何理賠金額不會因你是新人就少給客戶！用積極熱情去爭取客戶的喜歡信任並樂於提拔你，恐懼於焉消失。

◎凡事可三思，但比三思更重要的是三思而行！

2011-07-23
13:13

043

恭喜你決定進入我們這個行業！年輕是什麼？就是給自己的人生做全新的選擇！這必然帶來恐懼衝擊和挑戰，避免失敗的唯一方法就是下決心獲得成功！但是這樣的生命力卻讓我們深刻領悟自己已能掌控全局而非受制於命運。傾注全力去拚搏吧！這一次注定精采萬分！你該給自己掌聲，並永遠感激一路相伴的主管。

2011-07-25
18:32

044

如果你會選才，「選才才是王道」；如果你不會選才，「賽馬不相馬」，是馬是驢拉進來再說，一段時間便見分曉！師父引進門，修行在個人，給他一個事業，他能力不足（拒絕學習、拒絕改變、拒絕成長）無法勝任，做主管的不要有那麼大的心理負擔。畢竟，是英雄才能同路！

2011-07-26
13:43

045

【企圖心V.S.同理心：銷售的黃金準則】

同理心等於親和力加上關懷客戶的利益；企圖心等於野心加上關切公司及自身的利益。頂尖推銷員會均衡維繫這兩樣特質，既贏得訂單又贏得客戶長期的信任，後者又帶來源源不斷的業績助他們青雲直上。同理心和野心分占了翹翹板的兩邊，永恆的「關懷」是支點，這個支點就是人性的光輝！

2011-07-28
11:23

046

「壽險業家庭事業兼顧著實讓我困惑，夜深人靜時，總想著『是我的心太大嗎？』」「已婚女性從業人員也可在壽險這個行業取得一席之地！更可以早些成立營業處……抑或是……」方向對了（發展直轄）就不怕慢！成立通訊處是遲早的事，若是頭輕腳重的組織型態那就不妙了！「心大」沒什麼不好，加上「心細」、「平常心」、「耐心」就完美了！

2011-07-31
21:45

047

頂尖壽險營銷員的三個不能妥協：業績、早會、學習；堅持銷售、約訪、開發準客戶（準增員名單）！誰擁有大量良質的準客戶名單，誰就是明日的贏家！緣故開發是人情的掙扎，陌生開拓是膽識的突破，兩者俱見人脈的成長。積極不心急，艱苦不痛苦，行動見分曉！小草，堅持扎根大地，才能綻出一片片新綠。

2011-08-01
22:26

048

【永豐年中策劃會報】

頂尖高手的三個不能妥協：業績、早會、學習；兩個堅持：堅持銷售、發展直轄！擁有大量良質的準客戶名單，就是明日的贏家！緣故開發是人情的掙扎；陌生開拓是膽識的突破；一個決心：快樂在南山一輩子！快樂的人比悲觀的人一輩子多賺一百萬美元。積極不心急，辛苦不痛苦，行動見分曉！

2011-08-04
22:25

功夫——千萬業務來自千萬努力

049

【銷售七誡】

東西賣得出去，不是推銷員多會賣，而是客戶願意跟你買。多做成功者該做的事，避免失敗行為，方能業績長紅。一，自以為是；二，不修邊幅；三，急於成交；四，過度主動；五，浪擲時間；六，過度委曲求全；七，吝於行動。遠離輸家行為模式，獲取贏家競爭力，方可在競爭激烈的推銷世界裡，大步向前，

2011-08-08
22:37

050

【永遠的售前服務】

成交的close不是關門，而是Re-Open！服務分為四種：一，After；二，Before；三，Detect；四，Consult。我的想法是沒有售後服務，只有永遠的售前服務；銷售從拒絕開始從成交延伸，二三流的營銷員在辛苦成交之後自動關門，一流頂尖的高手視成交為一扇門的開啟。抱持永遠的售前服務讓你的業績源源不斷！

2011-08-09
00:00

051

【貧富之間】

投資名人羅斯（Wilbur Ross）表示，造成這場全球股災的是恐懼，而非經濟基本面。這幾天投資人有許多股票已經賣過頭了，進場時間浮現。羅斯指出：「過去四十八小時中，世界就真的比以前壞了十、十二、十五%嗎？我不認為如此。以今天的股價買進股票，過個幾年，大家會發現這是多麼難得的賺錢經驗。」

052

持續去做讓你害怕的事（例如：陌生拜訪），直到恐懼消失為止！You're invincible, life always brings us...那些受傷的地方一定會變成我們最強壯的地方。

成功的人不是無所畏懼，而是能克服恐懼，因為他們深刻明瞭，如果向恐懼低頭，將永難向前！

2011-08-09
22:18

053

【不能又要偉大又要舒服】

這是進入保險業最重要的態度！選擇這個行業從來不是因為它容易，而是因為它「看起來」困難。因為其實不難！銷售保單只需做兩件事：一，逼自己去見客戶；二，逼（使出渾身解數）客戶簽單！大部分的新人甚至理直氣壯地頂撞主管：「我不要逼客戶！」他的意思是等客戶來逼他。荒謬啊！請回歸正確態度。

2011-08-10
17:45

054

【銷售的兩個恐懼】

營銷員「害怕」客戶拒絕，客戶卻比我們還怕，他「害怕」買錯保單買錯人！事實上，沒有買錯的保單（高保費的儲蓄險和低保費的終身險一樣好！），問題出在後者「你還沒贏得準客戶的信任」。「我還得比較其他家的產品……」然後你便落入了產品比較的泥淖！先專注在爭取客戶的信任，再銷售產品！

2011-08-11
23:07

055

【新人如何贏得信任】

老人可以憑藉資歷；新人一無所有，怎麼辦？第一，先從熟人切入，成交與否都得要「求」轉介紹；第二，陌生市場：一，永遠準時或提早赴約；二，永遠衣著樸實整齊乾淨（切忌硬充豪華）；三，知之為知之；四，多次拜訪取代一次長談（準客戶名單要多）；五，決戰日請主管陪同；六，盡早在你的名字前加上最多的桂冠！

2011-08-12
16:54

056

今日搭十二點三十分的高鐵南下，高雄漢來飯店，一千兩百人南山創說會。在我們這個行業「每天都有人辭官歸故里，飛入尋常百姓家」，「每天也都有人進京趕考，不數年後，飛上枝頭變鳳凰」，成敗的關鍵在於「對的人，相伴一生；對的路，勇往直前；對的行業，心無旁騖放手一搏」，只能選擇一條路是一種悲哀，卻更是成就功業的不得不然！

2011-08-13
12:37

功夫──千萬業務來自千萬努力

057

大學剛畢業的年輕人，「經驗可以不足，研判是非最基本的智慧不至於缺乏。」「你走出這個會場，決心走上這條路，但彷彿全世界都反對；他們不是反對你做保險，他們是反對你做保險失敗！」中年轉行「跌跌撞撞的經驗彌足珍貴，智慧更加成熟」。前者贏在起跑點；後者贏在轉折點！人壽保險事業歡迎你！

年輕是本錢，不努力就不值錢！

2011-08-13
20:33

058

如果過去的一個禮拜充滿失意挫敗，面對即將來臨的挑戰與恐懼，星期天晚上你準備怎麼激勵自己呢？Success is a simple word—when you are about to fail to hold, hang on a bit longer.

成功其實很簡單，當你堅持不住的時候，再堅持一下。生命燦爛如花，始終也沒那麼困難。咬住目標，堅持，直到成功！

2011-08-14
21:11

059

對大家增員的困惑：團隊是小蝦養大魚，小蝦可快；大魚要等。耐心與堅持啊，「騰不出時間來成功的人，遲早會騰出時間來失敗；騰不出時間來奮鬥的人，遲早會騰出時間來喟嘆！騰不出時間來銷售的人，遲早要騰出時間走人；騰不出時間來增員的人，遲早要騰出時間來羨慕」，從事壽險成功早已注定，奮鬥要及時！

2011-08-14
23:17

060

【成交三部曲：何謂專業】

絕大多數營銷員定義「專業」是保單條款、保障內容、滿期領回。實則，這些是基本常識無關專業！所謂專業是「趨向於成交的技能」：一，首先要能搞笑（幽默）到讓客戶喜歡你；二，接著拉回來正經到讓客戶信任你；三，最後誠懇到讓客戶願意提拔你！保險是買方市場，執著於片面的專業，終被淘汰。

裝酒的瓶子好看才能吸引注目的眼光，但終究也要酒香才能讓買的人出手。

2011-08-15
21:45

功夫——千萬業務來自千萬努力

061

想在人壽保險業成功，真是一件困難的事；進入難，生存難。「願意承擔風險」是任何成功人士共同的特點，沒有勇氣跳脫原有的舒適圈，不願意按向任何一個陌生而恐懼的門鈴，你當然可以輕易避開任何挫折與拒絕，但挫折與拒絕又是什麼風險呢？「勇氣不是一無所懼，但要穿越失敗，你得結交『勇氣』這位朋友。」

2011-08-16
22:14

062

「年輕是本錢，但不努力就不值錢！」一，窮人缺什麼：表面缺資金，本質缺野心，腦子缺觀念，機會缺瞭解，骨子缺勇氣，改變缺行動，事業缺毅力；二，世界上最愚蠢的人是非得自己撞得頭破血流的經驗才叫經驗；三，年輕是本錢，但不努力就不值錢；四，富就富在不知足，貴就貴在能脫俗。貧就貧在少見識，賤就賤在沒骨氣……（經濟學家朗咸平）

林裕盛

063

【堅忍不拔，直到成功】

在成功的銷售因子裡，「高昂的鬥志」占了八十%！你的鬥志是你表現出來的氣宇軒昂，助你穿越無數的困難與挫敗，同時決定成就的方向。樹的方向風決定；人的方向自己決定。我們是這個社會真正的英雄，英雄無淚，在眉宇間，我們展示了堅毅與永不服輸，任何失敗想打擊你，都得先過你這一關！

2011-08-17
20:58

064

【何必DS】

很多新人非常崇拜陌生拜訪「Direct Sales」起家的推銷英雄，如果你的人際好、有很廣的緣故準客戶，何必做陌拜呢？你大可進行「死黨銷售法」。每個人從小到大都有三五知己（女生為手帕交），先成交自己的死黨，無論如何都得相挺，再延伸出去，業績自然綿延！「先顧好自己的姑媽，再伺機去DS別人的姑媽。」

2011-08-18
15:37

065

好喜歡這句話：「鑿開一口井吧，讓陽光透進來，照亮前方。路，才能走得更遠。」

066

【只能DS】

如果你從家鄉到外省打拚，所有的人脈都留在故鄉，上天下地只剩下一腔熱血的自己。我要激勵你，人壽保險事業就是「立地生根無中生有」的絕好行業！掌握：一，每日至少找到一個可以送建議書的準客戶才可收工；二，主顧先生，依你看，你跟親友或跟我這個陌生人買保單，誰會服務得好？三，永不言敗，捲土重來。

2011-08-18
23:50

067

「今晚如果沒有林裕盛，到處都是問題。」深圳李鋒樣說。哈哈。

今晚哪裡有問題……

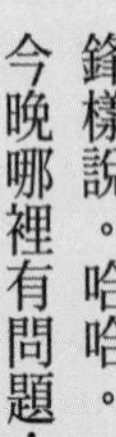

068

【隨緣DS】

我到了一棟寫字樓去拜訪準客戶，一，相談甚歡；二，暫無成交指望。會談近結束時，我一定「神態輕鬆」地打聽隔壁（左鄰右舍上下樓層）：「那一家公司是誰當家啊？」因為你泰然自若，對方也就卸下心防侃侃而談。「蒐集資訊」，不經意的透露給我們新名單了。**拜別這扇門，立馬按了隔壁的門鈴！永遠讓準客戶名單滿檔！**

2011-08-19
21:44

功夫──千萬業務來自千萬努力

做生意，初期靠膽識，中期靠服務，長期看交情！

069

週末，趁著客戶有空，突襲去。呵呵。到信義商圈訪客，熱浪襲來，西裝當場濕透半套。營銷員當走入冬寒夏熱的街頭，躲在冷氣房業績指數跟著凍僵。不禁想起張學友那首〈天氣這麼熱〉！

2011-08-20
12:08

070

大公司的老闆在週一至週五有開不完的會、見不完的客人，我們很難插手安排面談，或者他整個禮拜忙得不見人影。但往往他們會在週末下午「溜進」辦公室，一則清靜，二則簽署未決的公文……三則，我們的機會來了！「裕盛，你怎麼跑來了，週末怎麼不休息？」「老大，您都沒休息了，我怎敢啊！」陳董瞪了我一眼，相視大笑。

客戶工作時我們工作，客戶有空時我們加緊腳步去見他。

2011-08-20
20:18

071

跑了一下午，溽暑難擋，趕到長春路Cindy經營的雪茄坊（雪茄大貿易進口商）補了一盒Monte No.4。送一些高端客戶，結交嘛！「Jerry，你要抽一根嗎？你喜歡Montecristo這個牌子，我請你Mon 2（一根市價兩百五十元人民幣）。這根養很久了！」「Cindy，你實在太客氣了！」感動啊！大商都懂得討好客人，在購買行為中學習，大道隱於市。

2011-08-22
17:06

072

【為壽險業所有艱苦卓絕的女性營銷員喝采】

「吃苦趁年輕，才能發掘出身體裡的寶藏，不要選『容易的路』，那其實是最艱難的。未經世故的女人習於順境，易苛以待人；而飽經世故的女人深諳逆境，反而寬以處世。」

——作家余光中

◎年輕、單身、為人妻也好，你們運用女性特有的溫柔堅韌耐苦，成就了整個社會的溫暖。

2011-08-22
22:36

073

【分辨「藉口」、「拒絕」】

我們必須有一個體認：顧客不可能向每一位業務員購買商品，真是如此，他們豈不傾家蕩產？拒絕是免不了的，但它真正的意思是「給我一個非買不可的理由」。只有真正的高手，才能分辨出是藉口還是真正拒絕。「處理拒絕」，避免迷失在「藉口」裡。回歸產品需求的本質，視「不」為銷售的起點！

2011-08-23
20:24

074

【推銷從「拒絕」開始】

視「拒絕」為畏途的營銷員，你大可天天打烊早早退出江湖算了！記著，準客戶慣用「藉口」打發二流業務員；用「拒絕」考驗一流高手的真正功力！他如果真的不感興趣，大可轉身離去，何必花那麼大力氣拒絕你呢？「No」為銷售的起點，而非終點，推開這扇厚重大門，才有可能迎接成交的陽光。

2011-08-23
20:59

【新手的困境】

客戶購買的決定性因素：一，公司的聲譽；二，你和客戶之間存在的友誼關係；三，客戶對你在這個行業的發展信心。檢視第二點，是你認為你和他交情好；還是他和你交情好，不要一廂情願。檢視第三點，你到底會在這個行業待多久？會發展到什麼程度？客戶之前已經被打帶跑的業務員騙怕了，你得展示你的決心和高遠發展的能耐！

2011-08-24
23:34

076

【時間選擇】

企管課程經常有一門「時間管理」，講述時間要如何管理云云，我的想法是時間不像金錢，沒辦法管理，只能用選擇。你選擇了去見A客戶，就無法去B地方和B客戶談保險。「失物：在日出和日落間，金色的一小時內鑲著銀色的六十分鐘，每一分鐘又鑲著六十顆鑽石秒。一旦消失永不回頭。」善用時間莫等白了少年頭！

2011-08-25
23:05

功夫──千萬業務來自千萬努力

【再談DS】

年輕人初出社會，人際關係有限，當然可以從現有的舊識開始，但我更肯定陌生式的開拓經驗。絕不可忽略以下幾點：一，以量取勝，即使沒有贏得訂單也要累積人脈；二，磨礪膽識；三，百人百貌，勇敢撞擊，瞭解人性；四，機智反應，將客戶的拒絕轉為接納。熟識的朋友不一定會捧你場，陌生人也不見得百分之百拒絕你，大數法則是我們的聖經！

2011-08-26
20:17

【1的距離】

壽險業的夥伴們週六日一定還在辛勤的工作吧！三與四的差別是一；三的四次方與四的四次方，變成八十一對二百五十六！原來只是一的差距，日積月累後變成遙遠的距離。每天多拜訪一位準客戶、多做一次增員面談、多遭受一次拒絕、多開發一個準客戶名單……別人埋頭於困厄，你昂首於闊步！不數年間，你的成就已是他人望塵莫及了！

2011-08-27
17:39

079

【優秀業務員六要】

優秀業務員的思考程序永遠是：客戶、公司，最後才是自己。一，要給人好印象，特別是第一印象；二，要有強烈企圖心；三，要能取悅客戶，讓客戶感覺備受尊崇；四，要用功上進，提升專業知識與內涵；五，要設身處地為客戶著想；六，和客戶建立長遠關係利益。**好的營銷員和差勁的營銷員就像油和水一樣，永遠涇渭分明。**

2011-08-30
10:56

功夫——千萬業務來自千萬努力

今天做別人不願做的事，明天就能做別人做不到的事。

080

【浴火鳳凰】

很多人從不失敗，因為他們從來沒有成功過！不要侈言失敗，談失敗太沉重。真實世界是不存在避風港的，只有向滔天巨浪挑戰的勇氣！想成功的人沒有悲觀的權利，所謂挫敗不過是個過程，不過是攀登頂峰的第一步。可以在暗夜裡哭泣，但記得黎明到來時要擦乾眼淚，從失敗中再度躍起，如浴火鳳凰。

If you're brave enough to say "good bye", life will reward you with a new "hello"

勇於和「暫時無法成交」的準客戶說再見，不是放棄，而是下次再見；積極開發新客戶，永遠用一個新希望取代失望，生命將給你無限的驚喜！

2011-08-31
22:37

【成交關鍵】

客戶購買的理由大都隱晦不明，這也就是推銷工作困難的地方。「保險需求」是檯面上正當的理由，但絕大多數的營銷員就陣亡在這個「認同產品需求卻遲不成交」的陷阱中！真正成交的關鍵是埋在客戶深層的「情感波動」！推銷產品只是進入客戶理智的門廳，如何進入感情的主臥室、完成最終交易，才是真本事！

銷售的對談亦如桌球賽，準客戶一個恐怖的殺著——「反對問題」過來，認定我們一定無力招架；沒想到我們反手一抽，客戶丟盔棄甲成交於一瞬間。

「裕盛，買那麼多保險幹嘛？」

「董事長，那你賺那麼多錢幹嘛？」

2011-09-01
21:46

功夫——千萬業務來自千萬努力

082

【折騰、生意和事業】

折騰是在做一件你的能力和興趣完全不匹配的事，且在賠錢；生意可以賺點錢，但不長遠，談不上巨大發展，這種事你可以作為起點；事業可能暫時並不賺錢，但努力活下去，具有廣闊前景，寄託了你和團隊的無限希望和光明願景。

2011-09-02
20:41

083

【據「情」力爭】

如果很會講解產品、保障需求就自認是合格的人壽保險營銷員，那這個行業每個人都成功了，也不會有那麼高的淘汰率。試問，哪一個受完訓的營銷員不懂產品？又有哪一種產品艱深到客戶聽不懂？你跟他交情很好，就應該賣他保單據情力爭；他也認同和你交情匪淺，更應該透過成交落實「珍貴友情」！

2011-09-03
21:46

084

當身邊的朋友都說你是瘋子的時候，成功離你就不遠了！不要笑，的確如此。特別在我們這個行業，過去、現在、未來，從來沒有容易過，只區分為「困難、很困難、非常困難」。想成功沒有用，想成功「想瘋了」才行！記著，出類拔萃從來就不是少數，是極少數！

2011-09-05
21:32

085

【成功，在於落場搏鬥】

年輕人選擇進入萬般艱難的保險業，先為你的智慧喝采。你當然有可能會失敗，世上哪有保證成功的事？但你一定要「聽話照做」勇敢去闖，在你還有條件失敗的時候去失敗。年輕是最可貴也是最可悲的！可貴於有本錢去失敗，可悲於不敢嘗試在新世界闖蕩；一旦年華老去，只剩下一個「想當年」。

2011-09-07
18:09

功夫——千萬業務來自千萬努力

086

許董說：「買那麼多保險幹嘛？」
我問：「那您賺那麼多錢幹嘛？」
其實，我們的目的都是一樣的，賺錢不是終極目標，是為了落實對家人、社會的愛與責任。買保險只是在我們不得不放下心愛的家人時，能夠延續我們的愛。尊敬的許董，您對家人的愛難道只有到生命的盡頭那麼短嗎？永恆的愛是需要墨水契約來落實的……

2011-09-08
21:38

087

我們為了自己的夢想走到了一起……當你能改變、激勵自己的時候，你是一個成功的人；當你能改變、激勵別人的時候，你是一個優秀的團隊長。但「改變」談何容易，所以成功和成就是多麼的困難！唯一的出路是「學習」！強化核心競爭力，改變，成長、成功到成就！

2011-09-09
19:28

088

【正面思考的力量】

高爾夫球和保險推銷是人類發明最容易感到挫敗的運動和推銷行業。凌晨四點曾雅妮逆轉勝贏了韓國選手，過程中她不斷告訴自己：「我行，我一定可以！」高爾夫選手只有幾分鐘可以調整情緒，我們要用多久時間？幾天幾夜還是永不再起去轉換？善用「正面思考」的葵花寶典，迎向挫折贏得成功！

2011-09-12
22:41

089

【何謂「知心的朋友」】

如果你擁有知心的朋友，何妨用保險去測試一下到底是你對他知心（一廂情願），還是他也對你真正知心？如果你對他知心，就應當竭盡全力賣他一份保單！保費不在多寡，天底下有買足額跟買不起的保單嗎？如果他認同你真是他的知己，更當義不容辭地支持你，其實是支持自己與他的家人！

2011-09-14
21:51

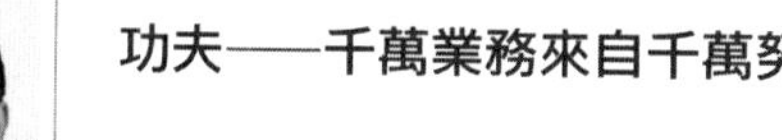

090

【成交是「逼」出來的】

Anda徐說：「永遠會記住我入行的第一個客戶也是我的朋友，當時連產品都解釋不清楚的時候，就在我這裡幫她自己買了不小的保單。我也是幸運的，前十個客戶都是朋友，雖然有些是被逼的。」逼與被逼，都是「認同」保險與友情！「逼」這個字太好了，「一口田」加上「走字邊」（行動力）！行動創造雙贏！

091

【高空飛行是最省力的】

高空飛行是能力，是習慣，也是態度。很多人進入保險業喜歡做做停停，結局南轅北轍。

2011-09-14
23:12

林裕盛

092

【螢火蟲】

螢火蟲也釣魚，不在水中而在空中。牠會發出黏黏的細線，小昆蟲被光吸引後撞上細線，成了螢火蟲的美食。發出美麗光芒是飢餓的螢火蟲，吃飽的不發光。我們也一樣，飽足的胃會熄滅亮光；飢餓與貧窮讓我們渴求成就的欲望越發強烈。你必須竭盡全力鍛鍊我們這行業的特質，散發「光芒」，釣上「成功」這條魚。

2011-09-16
23:03

093

【星期天的激勵】

The fact is that the world is out of everyone's expectation. But some learn to forget;others insist.

這個世界並不符合所有人的夢想，只是有人學會遺忘，有人卻一如以往的堅持忘卻昨日的不愉快。牢記成功法則，堅持向明天的理想邁進！莫忘當初追求卓越的承諾，勇敢再出發！

2011-09-18
20:04

094

肉體的死亡無可避免，精神上的被遺忘則無可忍受。

人壽保險的王牌是：不是有人會死，而是還有人要活下去！

095

【什麼是客戶】

一，我們是依附客戶存在的，不是客戶依附我們存在的；二，我們不是透過服務在幫助客戶，而是客戶在幫助我們；三，客戶不是我們事業的局外人，而是我們事業的局內人；四，爭取進入客戶的發薪名單，應徵成為客戶一輩子信守承諾的人壽保險營銷員；五，一流的營銷員，來自擁有一群一流的客戶支持。

2011-09-18
22:02

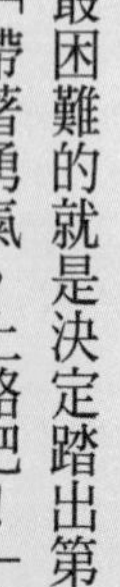

最困難的就是決定踏出第一步！

「帶著勇氣，上路吧！」之後，聚焦在任何排山倒海而來的困難。找方法，絕不是退縮與氣餒。

「很多事情就像是旅行一樣，當我們決定要出發的時候，最困難的那部分其實早已解決了。」

097

【情真意切的辭句】

帶新人到忠孝東路四段的台北SOGO商圈去DS，開發了一家鐘錶店的女性店長。之後新人陸續複訪了幾次均不得要領。「老大，她每次都說買很多了，介紹產品也興趣缺缺……」下回眼眶濕潤盯著她，「……真的很希望你能成為我陌生開拓第一個成交的客戶，讓我感受到這個社會的溫暖！」你是否講得出口？

2011-09-19
21:41

098

【逆轉】

少年的時光就是晃，用大把時間徬徨，只用幾個瞬間來成長。少年的時光就該拚，用大把時間成長，只用幾個瞬間來徬徨。

2011-09-20
22:55

099

【銷售的關鍵】

銷售的關鍵在於拜訪，拜訪的關鍵在於面談，面談的關鍵在於有力的辭句。

「我到下個月才有錢耶！」

「你看我那部寶馬，車險是什麼時候加上去的？」

她一臉疑惑，「當然是一交車就生效，否則怎敢上路，你這部車已上路二十九年，這之前算你運氣好，但生之後就是老病死，買了足額的保險才不會怕厄運終於臨門。」

2011-09-21
22:53

100

【賣保單就是賣人】

仔細聆聽。

熟悉你的老朋友認同你的為人當然條款都不用看了，陌生客戶隨口說說他已買了很多（也許很多單已經停效了），這是打發你，你可以這樣回答：「你買很多保單這事暫且放下，今天最重要的是我要讓你明白，現在站在你面前的，是什麼樣的一個人。」

2011-09-23
22:33

功夫──千萬業務來自千萬努力

想成功沒有用，想成功「想瘋了」才行！

101

【年輕】週末的激勵

趁我們還年輕，多走幾步路，多欣賞沿途的風景，不要急於抵達目的地而錯過了歲月裡溫暖的人和物；趁我們還年輕，多說些感恩的話語，不要錯過了生命中最美好的片段……

「趁你們都還年輕，帶著你的勇氣落場搏鬥吧！即使跌倒了，爬起來拍拍灰塵，繼續奮力往前奔去，因為，你還年輕！」

The world is a book, and those who do not travel read only a page.

世界是一本書，不旅行的人只看到其中一頁。不冒險的人，連書都沒有翻開呢！

2011-09-23
23:54

102

【大保單怎麼經營呢？】

你應該聚焦在「保單的成交」，而非「大保單」的成交。關鍵是「步步為贏」！你必須學會按部就班的經營。事實上，你現在所成交的小客戶都有可能成為將來的大單。對於客戶，我們必須有長期經營的想法，十年磨一劍，功到自然成。大保單等於時間加上專業，專業就是真情且長遠的服務，滿足客戶的最大利益。

2011-09-25
23:13

103

【再談大單】

不要羨慕別人的大單，成交的原因不外乎無論小苗成大樹，或者自己的親屬。仔細想想，與其收一張一百萬的單，不如收十張十萬的單，或者一百張一萬的單。你們都很清楚件數的力量！陪著客戶跟我們一起成長是一件很快樂的事，很多客戶都是從一開始很小的ＰＡ單❷，不數年後加保到一年上千萬台幣的保單。

❷意外險。

2011-09-26
20:26

104

【成長、成才、成熟三部曲】

一，看山是山，看水是水。這是成長的過程，也是認知的過程；二，看山不是山，看水不是水。這是成才的過程，也是顛覆認知的過程；三，看山還是山，看水還是水。這是成熟的過程。

新人進來，也是歷經自我肯定、否定、再肯定這三個階段。不要在第二個階段，被外在迷惑的離心力甩開了正軌！

2011-09-26
22:19

105

【三論大單：開發高端客戶】

新人也可以有大單，重點是你的「心態V.S.形象」準備好了沒？

除了富二代，白手起家的有錢人比比皆是，如果你具備「說大人則藐之」的勇氣，幸運之神也會降臨在你身上。

一，加入社團（如扶輪社同鄉會）；二，出入高級會所（如高球會館俱樂部）；三，原來的客戶向上延伸；四，陌生開發（如街頭開賓士的大老闆）。

2011-09-27
20:14

106

一片葉子不會枯黃，除非有整株樹的默許。

2011-09-28
09:41

107

「求」字正解——雙手合十，點頭點五次。在每一次的面談至少「要」、「求」五次成交。參悟了保單的利他任務，為了救人，願意放下身段，此乃「偉大」的人壽保險推銷員精神之所在。

2011-09-28
22:24

108

在生命中有一扇門始終沒有打開，為此你嘗試先打開了所有其他的門。最終你還是要站到那扇緊閉的門前，這只是遲早的問題。我以為我在愛，但我從來也不曾愛過；我以為我在推銷，但我什麼也沒做，不過是站在那緊閉的門前等待罷了。這樣吧，做保險，你最終總得面對「向陌生人和熟人開口」這扇門。

2011-09-29
19:18

109

【逆境不久，強者永存】

辛卯年過去四分之三了（今天農曆九月初三）。捫心自問，自己有「辛」勤工作，「卯」盡全力嗎？

Tough time never last, but tough men(women)do!

衝刺吧！辛卯年最後一季！

2011-09-29
21:34

功夫——千萬業務來自千萬努力

記著，出類拔萃從來就不是少數，是極少數！

110

【每個月讓自己山窮水盡，下個月自然會柳暗花明又一村】

好榜樣，平安保險葉雲燕：林哥，非常贊同你的想法，做事就該全力以赴，我昨天加今天又交了七件保單，有夥伴說月底了為何不留十月可參加金秋方案，我卻一直認為每個月讓自己山窮水盡，下個月自然會柳暗花明又一村！

【花朵，就該盛開】

有人做業務總想保持實力，這個月業績夠了，留一點到下個月。總覺得青春無限，何必冒險遠離精采。永遠眷戀春天，不曾、更不想在盛夏暮秋嚴冬中全力施為，過癮的拚搏。像一朵花，從來沒有盛開過，直到不經意的含苞落幕，才喟嘆歲月匆匆生命無常。生命，就該盡情揮灑；事業，就該全力拚搏！

2011-09-30
01:05

111

【寧可白做，不可不做】

壽險事業的成就不僅僅在於財富，而是來自參與偉大事業的榮耀！

Not every effort there is a harvest, but each time the harvest must be hard, which is not a fair irreversible propositions.

不是每一次努力都會有收穫，但是，每一次收穫都必須努力。

2011-09-30
16:31

112

【領導者的能力】

領導者的能力：一，經營人脈；二，以身作則；三，激勵。

下午在自家營管處召開每月一次的「盛哥開講」創說會。

《VOGUE》雜誌採訪金城武，什麼是成功的男人？

「成功的男人，就是能保護他心愛的女人。」金城武帥氣回答。

「這跟我們做保險有什麼關聯呢？」

吸收消化平常生活點滴的資訊為我們增員推銷所用，才能創新話術，贏得部屬敬重。

2011-10-01
13:18

113

【星期天的自我勉勵】

「別忘了答應自己要做的事情，別忘了答應自己要去的地方，無論有多難，有多遠。不要忘了，曾經對自己許下的承諾。如果你想過得快樂，把生活跟目標聯繫在一起。」

全情投入，每週的工作從週日下午開始，空蕩蕩的辦公室，讓你思慮清晰。每天朝目標前進，離夢想更近一些！

2011-10-02
12:11

林裕盛

114

【苦心孤詣直到成功】

沒有卑賤的工作，只有卑賤的人格。掃廁所、擺地攤、賣雞排、幹保全……都是憑勞力努力賺錢，無所謂卑賤。一個自以為偉大到不屑於做小事的人，一定卑微到不足以成大事！我們更是如此，**只是用客戶捧場業務員的心，實質去捧場他的家人**。也許很快，也許很久，直到「那一天」來臨時，他們終會明白我們的苦心。

2011-10-02
20:00

115

「不規則的增員是增員的最大懲罰！」失敗者，熱度只有開頭五分鐘；成功者，堅持最後五分鐘！革除「三天打魚，兩天曬網」的惡習，堅持與紀律，從來就是通往成功之路的不二法門！

2011-10-03
15:58

16

【完成銷售的複訪次數】

美國專業營銷人員協會報告顯示：八十%的銷售是在第四至十一次複訪後完成！如何做好複訪？一，特殊的複訪方式，加深印象（如適當的禮物）；二，為複訪找到漂亮藉口；三，注意兩次複訪間隔（建議三至五天），可寫一封簡短親筆信給準客戶，莫忽視它的力量；四，每次複訪切勿流露出急切態度；五，先賣自己、再賣觀念，最後才是產品；六，每一次都要有成交意念。

2011-10-03
21:58

17

【打入高素質的高爾夫客戶圈】

就在最迷人的季節裡，就在這個假期，趁機下場揮桿，或者下練習場開始練球吧！這個秋天，就展開你的高爾夫之旅。學會高爾夫，一輩子受用無窮！

2011-10-04
16:51

林裕盛

118

【無限的天空】

一旦你決定自己要的是什麼，就要表現得一副志在必得的樣子，而它就絕對會實現！你不要希望一下子就躍升為「超級銷售高手」，但要非常認真於每天的腳步與成長。過去只是前奏，你從哪裡來並不重要，重要的是你要飛往哪裡去？除非你自我設限，否則你的成功是指日可待，你能飛得又高又遠！

2011-10-05
18:23

功夫——千萬業務來自千萬努力

成交的意志＞拒絕的意志＝成交。

119

【座右銘】

每年給自己選訂一個座右銘，惕勵自己勇往直前！「辛勤經營，卯盡全力」記在我今年記事本的首頁，大家互勉之。一，寧可白做不可不做；二，如果要掘溝渠，就掘最好的「渠成水到」；三，上善若水，「學習水的善變，君子不器」；四，永遠保持開幕第一天的精神；五，成功不難，難在決心；六，立足推銷放眼增員，擁抱壽險事業；七，天道酬勤；八，永不言敗，不斷地捲土重來；九，沒有第二，只有第一，以第一名為目標，比第一名更努力。許下追求卓越的承諾！

2011-10-07
19:59

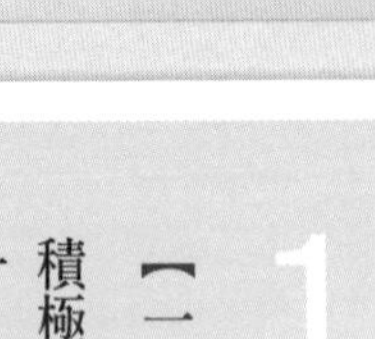

【一生之中有三件事不能等】

積極行動，愛要及時！-It's now or never!

一，貧窮不能等，時間久了你將習慣貧窮，庸碌一生；二，夢想不能等，趁年輕時努力實現夢想，否則老了心有餘而力不足矣；三，家人不能等，孝親要及時啊！否則子欲養而親不待，空留遺憾。

2011-10-08
18:23

功夫——千萬業務來自千萬努力

121

【只許成功】

All the entrepreneurs should spend more time to learn how others failed.

「所有的創業者應該多花點時間去學習別人怎麼失敗的。」

——阿里巴巴集團董事長馬雲

檢視我們的核心價值：一，庫存名單（陌生開發要求轉介紹）；二，產品說服力（反覆推敲需求點）；三，經營能力（如電視劇《步步驚心》四爺對皇位的布局）；四，要求成交的決心；五，執行力。

2011-10-08
20:43

122

【「領先」的觀念，享受生命】

一個月的業績在前半月完成，一年的責任額在上半年完成，一輩子的錢財在人生的夏天完成。三流的人執行不力，半途而廢；二流的人總是苦苦追趕，在最後一刻勉強達標；而一流的人往往早早完成任務。領先的另一個獎賞是遊刃有餘，笑看人生！所謂從容於疆場之上，不就是這個道理嗎？

2011-10-09
18:24

功夫——千萬業務來自千萬努力

營銷員就是老闆！
主動找客源、收入自主就是你的本分。

123

銷售事業（人壽保險）是年輕人白手起家的起跑點；中年人東山再起轉折點的最佳機會！

哈佛報告顯示，人一生平均有七次決定人生走向，每次相隔約七年。大概從二十五歲後開始出現，七十五歲以後就不會有什麼機會了。

五十年裡七次機會，第一次不容易抓到，因為太年輕。**如果你二十五歲就進入人壽保險事業，是不是太幸運了！**最後一次也不用抓，因為太老了。這樣只剩五次，但有兩次會不小心錯過，所以實際上只有三次機會了。

2011-10-11
15:44

124

【成功的代價】

成功的代價是如此的高昂，但它和平庸的可悲比較起來，卻又是如此的微不足道。成功是一種選擇，是犧牲A來換取B：成功之於失敗的背後，總有不為人知的努力、懶惰！成功是需要付出代價的，我們選擇這個行業，付出了什麼代價（他行的底薪、親友的誤解）。既然付出了代價，擺在我們面前的，就只剩下成功這條路！

2011-10-12
17:52

125

【不以為苦，以苦為樂，樂此不疲】

手中緊握不放的是什麼？是追尋夢想的信念！用最初的心，走最遠的路！和風險賽跑，把保障和長期資產積累方案送到千家萬戶！千萬收入來自嘗盡千辛萬苦，客戶的拒絕只是尚未成交，又算是什麼苦呢？

2011-10-13
00:36

@輕鬆學成功

有不可思議的成功，沒有不可思議的失敗。

126

【刀要石磨】

推銷的關鍵在於「掌握人性」，增員的關鍵在於掌握「人格特質」。高收入來自高能力，天下有低能力、輕鬆做而高收入的工作嗎？膽識可以帶動能力，毅力可以帶動技巧。刀要石磨、人要事磨，主管要新人磨「耐煩」，新人則需客戶磨！能力學歷下焉者選擇我們這個行業是翻轉宿命；上焉者是翻轉身手。唯磨礪第一！

2011-10-13
21:15

127

【恭儉退讓】

頃讀《唐恨：唐玄宗的真相》一書。睿宗其人，歷來被認為是軟弱無能、無所作為的皇帝。其實不然，睿宗「素懷澹泊不以萬乘為貴」，故能三讓天下，在中國歷代帝王中是絕無僅有的。他主張以柔克剛，天下莫柔弱於水，然攻堅者莫之能勝（衝決比它堅強的東西）。做業務也是如此啊！他的恭儉退讓不僅保全自己，更幫助玄宗最終接管了大唐王朝。

2011-10-15
21:27

128

常與高人交往，閒與雅人相會，每與親人休閒。

2011-10-16
15:13

129

【3A致勝術】

「Attitude, Aggressiveness, Appearance.」

把感情拉近一點，將士氣推高一些，把目標放遠一點，靠夢想更近一些！

2011-10-16
20:34

130

【窮人和富人的差距就是一場病的距離】

在疾病面前，窮人和富人是不平等的。富人可以吆喝：「給我最好的藥、大夫……」然後盡可能離天堂遠一點；窮人第一個考慮的是龐大的醫療費在哪裡。

你可以透過一個月幾百塊人民幣的醫療險，就可以享受富人規格的住院照顧！生命的尊嚴與價值不在貧富，而在對保險的認知與抉擇！

2011-10-16
22:32

131

【我很窮，買不起保險】

「我很窮，買不起保險，更何況，現在年輕的我，存錢為要！」如果沒有足夠的醫療險，你只是在幫醫院存錢而已。收入減去保費等於儲蓄！代價是一定要付的，不是打折付給保險公司，就是全額交到醫院。人生很弔詭，年輕時不假思索拒絕保險；將來想買時，保險公司卻拒絕你。

要有遠見，富人和窮人的距離就是一場病！

2011-10-17
22:22

132

【快樂的工作】

跑累了！到Cindy經營的雪茄坊，認識了現場兩位新朋友——阿哲、David。寓工作於休閒之中。

與人溝通，這是不是你最喜歡的事？

蘋果創辦人賈伯斯說：「專注於你最喜歡的事。」

「Cindy，有沒有類似Mon4？我想換換口味。」

「Partagas D4可以啊，價格高一點，我先請你抽一根，喜歡順口再拿！」

一流的生意人，Cindy，不是嗎？

2011-10-18
17:09

133

【刀馬在手，壯麗向前行】

人壽保險事業，真是我們拚搏的輝煌歲月嗎？動力比能力重要，方向與方法並重，做人比做事重要，講道理更講故事，磨練自己比豪言壯語重要！與其鎮日躲在辦公室打建議書研究產品（裝忙），不如投身於夏熱冬冷的街頭，在客戶拒絕的槍林彈雨中磨礪自己！刀馬在手，壯麗向前行！

2011-10-18
22:46

134

【很棒的觀點】

「人生規劃講究『輕重緩急』。保險規劃也是如此：『返還型、投資型保險為輕；大人為重，家庭經濟支柱的保額要夠重，小孩為緩；家長自己還有其他家庭成員，買意外險、健康險要急！』」

推銷的關鍵在於有力的辭句，別顧著轉發收藏，背下來才是你的，在銷售面談時亮劍！

2011-10-19
19:55

功夫——千萬業務來自千萬努力

135

【話術創意原型】

猛禽胡禿鷲雙翼展開三公尺，專吃腐食最後遺留的骨頭。你如此難推銷真像是一根難以下嚥的硬骨頭，但我是胡禿鷲專啃骨頭，這樣雖贏得語言優勢，卻得罪了客戶。原型進化成您不會心硬到不愛家人，我更不是猛禽禿鷲，只是一隻力爭上游需要您支持的小小鳥。銷售話術要能從生活體驗、各式學習中吸收消化屢屢創新！

2011-10-20
23:17

136

【失敗（後知檢討）為成功之母，不斷的捲土重來，Reaction!】

不知檢討，沒有認知重建（Reconstructing），只會敗者恆敗！九十七%的失敗者倒地不起，只有三%的（知檢討者）能在逆境中重生！

2011-10-21
09:45

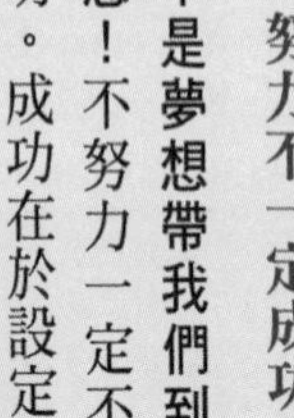

137

【努力不一定成功】

不是夢想帶我們到這裡，是這裡完成了我們的夢想！不努力一定不會成功，但努力也不一定會成功。成功在於設定目標、咬住目標、獻身於目標，不達目的地，絕不鬆手！成功更在於努力的騎上一匹好馬——人壽保險！

2011-10-21
21:34

138

【我們不可能全勝】

我們不可能全勝，意味著我們必須接受大多數客戶的拒絕，另一個對應的態度就是永不放棄！沒有離開的客戶，只有離開的業務員。

讓客戶的拒絕（暫時失敗）成為你下次捲土重來的最肥沃養分！成功者失敗的次數超乎我們想像，最後會成功是面對失敗時比常人更無懼、更多一分堅持！向失敗致敬，並永不言敗！

2011-10-22
23:06

功夫——千萬業務來自千萬努力

成功的代價永遠是犧牲A來換取B的問題。

139

【目標是什麼？】

「別忘了答應自己要做的事情，別忘了答應自己要去的地方，無論有多難，有多遠。不要忘了，把生活跟目標聯繫在一起！」

目標是一堵連續的得獎紀錄之牆，要知道，只發生過一次的事根本沒發生過。做到絕處才有生處，沒有退路才有出路！逼到絕境自有藍天。每天朝目標前進，離夢想更近一些！

2011-10-23
18:20

140

【台下勤努力】

週日到百貨公司。

「林先生，這雙Ecco鞋很適合你，捧場買一雙吧！」

「那你也得回捧場我一張保單！」（莫忘推銷）

「這樣喔，我介紹妹妹給你認識！」

「年輕人，你來打工？」看到店裡杵了一位年輕人，我順口好奇一問。

「是啊，剛畢業，我在這裡做到月底之後再找工作。」

「那來我們公司呀，年紀輕輕，可經由業務多磨練。」（莫忘增員）

2011-10-24
19:13

141

【台上演英雄】

永遠不要忘記我們的角色，永遠記得推銷與增員才是我們最重要的工作，掌聲響起，不就是肯定我們的角色扮演嗎？

2011-10-24
19:13

功夫——千萬業務來自千萬努力

142

【平庸的可悲】

世上只有少數人是天生贏家，絕大多數人成功，是那一份不甘心與非成功不可的決心！既然如此，就讓我們拚盡全力，讓生命煥發它應有的光彩吧！

It has not been the time yet to give up as long as you still feel it is not the end.

只要心裡還存著不甘心，就還不到放棄的時候！

2011-10-24
22:43

143

【開發客戶像呼吸一樣】

如果你反躬自省真覺得自己是優秀的營銷員——為人正直、熱心服務、負責盡職、長久經營，為什麼不敢向任何人開火呢？「準客戶名單不足」是人壽保險推銷員最大的罩門！每天開完早會，不知要往何處去，或者老往熟悉的客戶去取暖……你已逐漸步上陣亡之路！切記，讓你的準客戶名單滿檔！

2011-10-25
21:20

144

【年輕人不能怕談錢】

不能盈利的企業是可恥的，同樣的，低收入的推銷員是可悲的。除了懶惰，你還有什麼正大光明的理由？更何況，我們的commission來自mission的完成，你越利他方能越利己。金錢是衡量自由的單位，缺少金錢就少了自由。年輕人當珍惜青春，全力拚搏，賺得財富不也贏得更多時間，享受人生？

2011-10-27
21:12

145

【選擇客戶，寧不慎乎？】

如果你不去拜訪客戶，窩在家裡或辦公室蹺腳吹冷氣，應該不會有什麼挫折吧！挫折感來自哪裡？在街上亂槍打鳥，或者一個看似大有可為的準客戶屢攻不下，耗盡精力，兵疲馬乏，那才真是挫敗呢！新人、老鳥絕不會死在客戶的初始拒絕，而是陣亡在反覆奔波，最後落得徒勞無功的期待落空上。

2011-10-28
22:32

146

【熱情取得非凡成就】

即使如前篇所言，你遭受到一次次的打擊，但並非一無所獲。寧可白做，不可不做，至少賺得了寶貴的經驗！成功的精靈總是慧黠的隱藏在一次次失敗的背後，你要熱情不減。

「人生成就等於思維×熱情×能力。」我們要辛勤努力，並懷著正確的態度和追求成功的熱情勇敢攀爬，青雲有路唯熱情是梯。

2011-10-30
20:44

147

有三種人真的不需要買保險：死後沒人哭、住院不需要好的醫療、老了不需足額退休金。既然我們來到這個世上，就沒打算活著回去，擺在人生終點（死亡）面前的，就是老、病。老不可怕，窮也不可怕，又老又窮才可怕！不用喜歡保險，它只是為我們創造了最即時的現金。**只有能對自己的現在負責，你的未來也才會為你負責！**

2011-10-31
17:24

148

銷售就是「不斷地添柴加火」「將生米煮成熟飯」！準客戶是一鍋生米，我們不斷添加薪火，直到生米煮成熟飯。重點在於堅持，奇蹟終會發生！

2011-11-03
00:19

149

一，低調做人一次比一次受歡迎，高調做事一次比一次更優秀；二，成功的時候不要忘記過去；失敗的時候不要忘記還有未來；三，再苦也不忘堅持，休息可以！不要忘了重新站起，路遠不怕窮日暮，奮戰抵達終點；四，跨得過去的是門，跨不過去的是檻；五，在困境中找得到的出路叫希望，找不到出路叫絕望；六，永不言敗，每一個絕望背後都隱藏一顆希望的種子！

2011-11-03
00:22

功夫──千萬業務來自千萬努力

銷售最難是人和人的互動，產品只是媒介。

150

也是團隊領導人的修練吧！退一步是為了形成合力，照耀別人也溫暖自己，學會換位思考！

2011-11-03
00:26

151

【新人第一年的座右銘】

在不斷的努力中尋找運氣，在連續的運氣中創造成功！

◎這是我一九八二年入行第一年的座右銘，很喜歡，受用到現在。

2011-11-03
11:11

林裕盛

152

【用心「新」開場】

陌生開發試著用點創意：你掛著微笑站在陌生準客戶面前，等候他發問：「你哪裡？」

於是第一個小創意：

「我是礦工。」

「礦工？」（望著你西裝筆挺的反差。）

「對啊，我來找找看有沒有金子，沙裡尋金。」

第二個小創意：

「我來推銷鈔票。」

第三個小創意：

尋貴人相助。

第四個小創意：

「我來應徵工作，把我列入你的支薪名單吧！」

◎現代人的生活大概都很苦悶，破冰要有新意，注入鮮活有趣的對話，讓對方感受到你的用心，或許就能敲開生意之門。

2011-11-03
18:13

功夫——千萬業務來自千萬努力

153【努力＋用心】

很多人離開這個行業最喜歡的說詞是：「保險不能做。」事實上是他「沒做」和「不用心做」。細讀前篇的創意開場，制式的開場剛好替客戶架了一個輕鬆拒絕你的梯子。殊不知，給自己的無能找一個有尊嚴的藉口，其實是最沒有尊嚴的事！勉勵大家：working hard & working smart，壽險事業一定成！

2011-11-04
17:22

154【卓越之路】

永遠不要對個人執著，永遠不要對人性失望，有福氣的人才會成為我們的客戶。善待支持你的客戶，讓他們感到幸福！一流營銷員六十%以上的新業績來自老客戶的重複加保與推薦購買。追蹤舊人、開發新人、緊抓有望的人！

2011-11-04
22:52

155

【讀者來函】

「一首小詩為何有這麼大的威力？」

直到這個月，我也被觸動了，在林裕盛的《英雄同路》中，走在岔路前兀然停步。抉擇，不得不為。人生未經跌宕，不會被〈未選擇的路〉觸動。當時的我有兩條路：A出去求學，B留在台灣做保險。我選擇了後者，即便因此瘀青片片，但我不後悔，我成就了自己一個更廣闊的世界。

2011-11-06
20:11

156

【貧富一線間，選擇一念間】

向窮走或向富走，足額的保險或許決定您一生財富的走向。主顧先生，理財三部曲：一，積聚；二，保存；三，傳承（增財、存財、留財）。若您循著步驟二，卻不透過保險去保護辛苦賺來的稅後資產，則步驟一不必做，步驟三沒得做！

2011-11-06
21:56

功夫——千萬業務來自千萬努力

強者的信仰：永不言敗。

157

【要嘛平庸，要嘛出類拔萃】

遙遙領先是一種美德，讓第二名以為他是第一名！

When you do a bit better than others, they'd be jealous and they'd admire you when you make a huge difference.

當你超過別人一點點，別人會嫉妒你；當你超過別人一大截，別人就會羨慕你。

2011-11-07
22:02

158

謝謝T-up。「保持冷靜持續前行！」選擇一條困難的路，置身於未可知的風雨飄搖中，才能發揮自己無限的潛力！

【戰神語錄】

任何時候，當你沮喪、挫折、備受打擊、戰鬥力下降、意志消沉時，把這句口號拿出來凝視一番，念它幾遍，你就會發現吾道不孤，這世界上所有成功的人，都曾經歷過比你還艱辛的處境！差別在於他們都挺過去了，而現在，別人能，你也可以！Keep calm and carry on.

2011-11-08
00:12

159

【決心，下一次就好】

早上聽完一場激勵大會，內心澎湃不已，**決心走上保險路**。下午給客戶拒絕兩下內心受傷不已，**決心離開保險業**；晚上禁不住主管殷殷開導，內心感動不已，**決心重新出發**……

請問，**你到底下定決心了沒？**學會勇敢一些，去承擔起自己肩上的責任：決心決定方向；方向決定成就。如此而已！

永遠記得主管的好，主管不是用來抱怨或索取，是用來感恩的，有本事就讓主管幸福。

2011-11-09
11:15

160

【沒有人可以隨隨便便成功】

沒有人可以隨隨便便成功：一，何止強烈的企圖心（想成功想瘋了）；二，無懈可擊的儀表（潔白的牙齒）；三，開發客戶（上窮碧落下黃泉）；四，敏銳的觀察力（空杯學習）；五，經營客戶（洞悉人性，永遠的售前服務）；六，堅韌的毅力（克服恐懼，永不言敗）；七，不迷失於掌聲，煙花過後夜空還是回歸漆黑一片，只有客戶才是永恆的探照燈；八，以愛為依歸。

2011-11-09
18:33

161

【爭取】

每個客戶都是下決心「爭取」來的！爭取面談、爭取成交、爭取再介紹。當然，前提是我們要夠優秀。每個家庭都需要一個優秀的人壽保險推銷員，而優秀的定義很簡單，只有四個字——專業敬業。專業容易敬業難！

2011-11-10
15:47

162

孤身走我路
我已決意踏遍長路
不想管終點何日到
但信心布滿路途
路仍是我的路
是痛苦卻也自豪
前面有陣陣雨灑下
淚兒伴雨點風中舞
哪怕每天都跌倒
我信我會走得更好

——梅豔芳，〈孤身走我路〉

很喜歡梅豔芳這首〈孤身走我路〉，大家去找來聽聽，很激勵人心的。

Since you have aimed at one way to go, why are you asking how long does it take?

既然認準一條道路，何必去打聽要走多久？

2011-11-10
21:58

功夫——千萬業務來自千萬努力

163

【每天下班前都要問的七個問題】

一，今天你抱怨工作、客戶、主管了嗎？二，你是不是沉溺在對未來的幻想，而遲緩了現實的腳步？三，你把我們這個行業當作職業，還是當作事業？四，勞而不怨，你做到了嗎？五，你的工作激情，還在嗎？六，今天所做的一切，你全力以赴了嗎？七，入行時許下的承諾，你還記得嗎？

2011-11-11
22:14

164

GOOD！聚焦哲學——單純趨向成功！

每做一事，最好只追求一個最在乎的目標，其餘都可讓步，這樣達成目標的機會才高。比方說：做這事，最在乎是學經驗，那就別計較錢；做那事，最要緊是錢，那就別計較面子。以此類推。若做一事，又想學經驗，又要賺得多，又要有面子……如此美事，有得等啊。（作家蔡康永）

2011-11-12
12:11

165

【對自己的懶惰下手】

下了一整個禮拜的雨，你已經不想出門見客戶了，也許光是離開被窩參加早會就夠你奮鬥老半天。事實上冬天還沒來呢，對推銷員最艱苦的時光還沒來呢。等到真的寒流南下，又濕又冷的業務員殺手季節來時，你準備怎樣對自己的懶惰下手呢？

2011-11-12
21:21

166

沒有一個行業像我們一樣，在我們拚命賺錢的時候，客戶得到的永遠比我們多很多！

So, closing (win-win) or nothing!

很多準增員對象輸就輸在，對於保險業第一看不見，第二看不懂，第三看不起，歲月過去，一切都來不及了！

2011-11-13
13:34

167

【致富觀點】

世界上有兩種人，一種是像我這樣需要錢的人，一種是像您那樣不需要錢卻還在拚命賺錢的人。

保險對你我來說都同樣重要。對我來說是創造性工具，希望有一天變富有；對你來說是保障性工具，希望有一天不要變窮人。

◎深奧的道理，簡單的講。複雜的工作，簡單的做。越是簡單的話，越值得深思，也就越有力量！

2011-11-14
16:22

168

【人有勇氣，天下無敵】

勇氣，可以讓你在天寒地凍時一樣出門拜訪客戶，可以讓你面對客戶的拒絕時屹立不搖，可以讓你遍體鱗傷時永不退縮。勇氣，可以讓一樣的工作內容產生不一樣的結果；勇氣，可以讓一個平凡的人變得非凡；勇氣，是內外在條件皆不利於你時，突破困局的最好藥方！勇氣，是自己內心最強大的力量！

2011-11-14
20:22

169

【0或100分】

世上並沒有用來鼓勵工作努力的賞賜，所有的賞賜都只是被用來獎勵工作成果的。既然如此，就讓我們下決心獲得成功吧！成功是需要付出代價的。既然付出代價，我就一定要成功！成功是犧牲A來換取B的問題：付出青春（打拚）不叫做犧牲；青春時不付出，如珍珠自指縫間滑落，才叫白白犧牲。莫等閒白了少年頭，拜託！

2011-11-14
22:49

170

【承受打擊，笑渡難關】

你想過普通的生活，就會遇到普通的挫折。你想過最好的生活，就一定會遇到最強的傷害。這世界很公平，你想要最好，就一定會給你最痛，能闖過去，你就是贏家；闖不過去，那就乖乖退回去做個普通人吧！

所謂成功，並不是看你有多聰明，也不是看你出手有多重，而是看你能承受多重的打擊，笑渡難關。

2011-11-15
22:05

171

【換掉窮腦袋，才有富口袋】

婉玉主任下班時，送走兩位擔任房屋仲介的清秀佳人，回過頭請教我。

「老大，怎麼增員她們？」

「你沒有辦法改變她們，給她們問題去思考，除非她們自己願意改變。」

換掉窮腦袋，才有富口袋：一，你將來是要靠老公還是靠自己？二，你現在的工作是為了賺錢還是賺經驗？三，你現在的工作是推銷員還是辦事員？推馬喝水不如引馬就水！

2011-11-17
00:34

172

「重疾險和意外險，都是家庭理財的守門員，寧可備而不用，也不能因僥倖心理而不備。作為守門員，你別指望它為你進球（回報率），但強大的守門員，卻可以保住大門不失。」

道理講得很好，但真正促成交易的是什麼？如果把保險的意義功能講盡就能做好業績，怎麼會有那麼多人陣亡呢？

2011-11-18
23:14

173

【掌握人性】

促成交易的關鍵是「掌握人性」。人性是什麼？人性是高高在上的！

你要賣我東西，賺我的錢，光講道理（保險需求）是沒用的。我當然明白保險的好處啊，問題是賣保險的滿街是，為什麼非得跟你買呢？

「陳董，您覺得哪一種人最難得呢？」

「感恩。我是個會感恩的人。其實，會拉拔別人的才是第一等人。」一頓一下，拿出要保書。

2011-11-19
00:02

功夫——千萬業務來自千萬努力

174【自我調適的能力】

「拜別拒絕我們的客戶後，看著繁華都市，看著人來人往。我依然從容堅定，輕輕的給自己一個微笑，然後永遠轉身，向著陽光溫暖前行，而心中盛開向日葵的夢，任大朵的繽紛盈滿眼裡眉間。

那些人、那些事只適合放在回憶裡，留作紀念。」那些拒絕那些挫折，只適合隨風飄逝，不必記憶。

偶看散文〈雨夜的影子〉，挺好。

2011-11-19
23:22

175【人生感悟】

一，黃昏之所以壯麗，在於它收集了整整一天的陽光；二，人生像一截木頭，或者選擇熊熊燃燒，或者慢慢腐朽；三，不要混淆知識與智慧，知識教你如何做，智慧教你做得好；四，所謂年輕的心，就是總有一扇門敞開著，等待夢想闖進；五，讀書時不可有己見，讀書後可以有定見。（企業外腦）

2011-11-20
22:48

176

【何苦之有】

大多數新人經常把「真是苦啊」掛在嘴上。我就不明白，我們這個行業有什麼苦？我們的工作不就是陪客戶聊天嘛，了不起最後拒絕購買罷了，被拒絕又算什麼苦？A不買換B，B不買換C……我們終會找到有愛心、有責任的準客戶。後來我明白了，他們是苦於自己無可救藥的懶惰。忘了以苦為樂，更忘了天道酬勤。

2011-11-21
21:40

177

服務就是最好的銷售！
永遠「服務好自己的客戶」，以服務帶動（非代替）銷售！

2011-11-22
21:55

178

困難，就是困在家裡萬事難；出路，就是出去走走就有路。

2011-11-22
22:44

功夫——千萬業務來自千萬努力

179

【有所不為，有所必為】

你可以缺錢，但不能缺德；你可以倒下，但不能跪下；你可以低落，但不能墮落；你可以放鬆，但不能放縱；你可以平凡，但不能平庸；你可以生氣，但不能生事。你必須透徹瞭解，我們這個行業的尊嚴是在成交之後，為了任務的完成，你真的使出渾身解數了嗎？但絕不可欺騙！

2011-11-23
15:08

180

人壽保險事業是被拒絕的市場，我們每天在客戶拒絕的槍林彈雨中匍匐前進，集失敗、挫折和痛苦於一身，卻歡喜做甘願受。我們是偉大的人壽保險推銷員，受挫一次，對成功的內涵透徹一遍；不幸一次，對世間的認識成熟一級；磨難一次，對人生的理解加深一層。要讀懂人生，就要飽經失敗、不幸、挫折和痛苦！

2011-11-23
22:23

181

【路長情更長】

今天收了一件還算高額的單，是我三十年前的客戶，十年前隨夫婿去了澳洲經商，前幾天主動跟我聯繫。

「裕盛啊，好久不見了，我是溫麗梅，還記得嗎？最近我們想加一些保額，很多人跟我推銷，想想還是找你規劃比較放心些。」

永遠堅持第一線，終贏得客戶把心放在我們這裡。誰說保險不能做一輩子？

2011-11-24
23:34

182

我們都走在同一條路上，繼承所有成功者的人格基因，惕勵自勉，奮勇向前，用有限的生命為人類社會做出無限的奉獻。

2011-11-25
13:51

功夫——千萬業務來自千萬努力

183

二〇一一年剩最後一個月了，今年有鴻兔大展了嗎？邁向成功三部曲：向成功者學習，與成功者為伍，為成功者做事！成功從來不會自我燃燒，必須你自我點燃，願意面對恐懼、革除懶惰、養成紀律！「以第一名為目標，比第一名更努力」，這或許是你龍年的最佳座右銘吧！就從榮耀之路的開門紅放手衝刺，證明你的決心與不同凡響！

2011-11-26
18:33

184

衡量一個主管是否優秀的標準，一是跟隨的人有多少，二是跟隨的人有多久，三是跟隨的人是否賺到錢。衡量一個部屬是否真正優秀，卻只有一個標準：是否永遠感恩你的主管？

2011-11-27
22:37

林裕盛

185

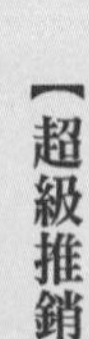

【超級推銷員】

所有的超級推銷員都曾經在陣亡的邊緣掙扎過，在陌生的大門前徘徊過，在黑夜的被窩裡偷偷的掉淚過。他們跟我們一樣平凡，只有經歷過地獄般的折磨，才有征服天堂的力量。只有流過血的手指才能彈出世間的絕唱。流過淚的眼睛更璀璨，滴過血的心靈更堅強！人生只有拚鬥出來的美麗，沒有等出來的輝煌。

2011-11-28
18:53

186

我們熱愛銷售嗎？熱愛與人溝通、助人成功嗎？熱愛壽險事業嗎？

網壇巨星費德勒說：「我比任何人都要熱愛這項運動，當然會有犧牲，會為它付出不懈的努力。但我感到很欣慰，因為我也得到了相應的回報。」

難道從事任何事業，不都應該抱有費德勒這種心態嗎？跟大家分享，以此共勉。

2011-11-29
23:26

功夫──千萬業務來自千萬努力

187

別覺得每一次做的、每一分努力、每一次拜訪都只是徒勞，它只是還沒展示價值！

蘋果創辦人賈伯斯說：「你必須堅信自己的經歷，會在未來的某一天連在一起。別覺得每一次做的每一分努力都只是徒勞，它不過是價值還不夠明顯！」

2011-11-29
23:34

188

【人生得不斷的面對選擇是一種悲哀，卻是所有成就的起點】

人生就是B（birth）和D（death）之間的C（choice）。我們幾乎每個瞬間都在做選擇。成功的人和不成功的人的差別，就在於如何選擇。選擇之後如果加上**A**ttitude（正確的態度），再加上**E**xecute（執行力），等於**F**uture（美好的未來）。就是人生的ABCDEF！

2011-12-01
20:26

189

建設可以使一個國家變「大」；文化才可以使一個國家變「偉大」。銷售技巧的提升或許可以使業績數字變「大」，對壽險事業使命感的正確態度，才可以使我們無畏橫逆越挫越勇，卓然蛻變成「偉大」的人壽保險推銷員！

世上最可怕的是，比你優秀的人，比你還努力！

2011-12-03
17:00

190

【沒有安穩，只有拚出來的輝煌】

永遠成功的祕密，就是每天淘汰自己。你不與別人競爭，並不意味著別人不會與你競爭；別人進步的同時你沒有進步，就等於退步。你沒有構建任何適應競爭、抗擊風險的能力，當下一次危機來臨時，你會不堪一擊，第一個倒下的就是你！追求安穩，是坐以待斃的開始。

2011-12-03
18:56

功夫──千萬業務來自千萬努力

直接了當，單純銷售！

191

【勇者的天下】

在洗手間碰上淋了一身濕，正在整理衣物的業務員。

「怎麼了？」我關心的問。

「喔，老大，我剛從土城騎了一小時的摩托車回來。」

「是嘛，很辛苦喔！」我心疼的安慰他。

「不會啊，您不是說過，下雨天是勇者的天下嗎？」

真是發憤圖強的業務員！落雨下雪刮颱風，站在客戶家門口，展現勇者的姿勢與鬥志。

2011-12-05
22:04

192

【因為未來unsure；所以需要sure的人壽保單】

現在有錢不代表將來無慮。

「裕盛啊，二十年太長了，我能不能活那麼久都不知道，倒不如去買顆鑽石戴在手上。」

「你說的也沒錯，只是萬一活那麼長怎麼辦？」

半年後，客戶打電話給我。

「你講的也有道理，萬一我老了沒錢怎麼辦？上回你介紹的那張單還在吧？」

不要辯論，只需陳述道理，客戶只會對自己的最大利益採取行動。

2011-12-08
22:31

193

人壽保險是一個理財工具，解決客戶難題的工具。除非找到難題，否則你無法銷售。年輕時有的是時間，但沒有錢；年老時有錢但沒有時間，你需要錢、時間，就需要人壽保險！規劃產品時先考慮客戶，再考慮公司，最後才是我們的立場。切忌辯論，反覆耐心陳述事實，客戶自會思考，最終為他自己的最大利益採取行動。

2011-12-09
15:53

194

成功的代價永遠是犧牲A來換取B的問題。

No pain, no gain!

年輕人一定要想清楚的三個問題：一，你有什麼；二，你要什麼；三，為了你要什麼，你願意放棄什麼（或增加什麼技能）？

2011-12-10
12:23

195

年輕人有什麼好損失的？一，你只擁有大把的青春；二，你真心想要什麼；三，你具備做出抉擇的能力嗎？「識」人壽保險事業是一回事，放「膽」下海拚搏才是真本事。卓越的代價相較於平庸的可悲是如此的高昂，唯膽識兼備矣。

2011-12-10
22:27

196

許多無法成功的人不在於沒有目標，而是將幻想當成目標；不在於沒有努力，而是在於沒有毅力；不在於不聰明，而是在於太精明；不在於缺乏力量，而在於不想拚盡全力。

一再量力而為，不在於沒有能力，而在於形不成合力；不在於看不清界線，而在於守不住底線；不在於迷惑，是因為抵不住誘惑。

2011-12-12
23:59

197

【陌生裡才有新的機會】

人的一生只有一個志向，就是向前走，**踏入未來，踏向陌生，陌生裡才有新的機會**。業務工作亦然，陌生的新客戶群總是帶來意想不到的新生意！牢記，未來五十%的業績成長在現在不認識的人身上。

2011-12-13
09:27

198

我們這個行業勞心勞力，勉勵大家一定要做好健康管理，方能有飽足的身心迎接每一天的挑戰。**你選擇熬夜看電視，就得犧牲明天見客的體力！**

2011-12-15
10:35

199

【張學友的〈只想一生跟你走〉】

你相信壽險事業到什麼程度，有沒有一生只想跟著壽險事業走？一輩子就認定現在的公司，你相信自己的公司到什麼程度？你的團隊有沒有認定你的領導，你現在的客戶呢，他們是不是也只想一生跟你走？

2011-12-16
09:21

200

將別人無知的嘲笑化為我們前進的動力，每天向夢想靠近一些，直到成功！

2011-12-16
22:19

功夫——千萬業務來自千萬努力

能不能求人，先過自己這一關！

201

大多數人誤解我們這個行業沒有社會地位。他們沒有誤解，我們真的沒有什麼社會地位，但我們在客戶的心中有地位，這是最珍貴的！經過漫長的考驗過後，一旦成為客戶，那就是我們和他們之間長遠情誼的開始，並慢慢建立在他們心中牢不可破的地位。在一大群客戶心中有地位，我們也就有了社會地位。他們真的誤解了！

2011-12-18
21:30

202

「負面信息」促成保障型商品；
「數字信息」促成理財型商品。

2011-12-19
16:23

203

【努力＋機運】

人生有一半掌握在上天那裡，另一半攥在自己的手中。人的一輩子唯一能做的就是，不斷地用你手中的這一半更多地贏取上天掌握的那一半。（黃廣成）

2011-12-20
11:39

204

真正的卓越來自於樂於分享，你被別人嫉妒說明你卓越，你嫉妒別人說明你無能。但我們這個行業優秀的人都很樂於幫助別人一起卓越——分享和增員，不是嗎？能豐富部屬者方能豐富自己。

2011-12-21
23:46

功夫——千萬業務來自千萬努力

205

【開門紅啟動大會的要點】

一，心態上你有完全融入這個啟動嗎？二，態度帶動行動；三，有提前布局嗎？四，檢視自己是否擁有優良習慣、人品正直、意志堅強？五，如果你不能，你就一定要；當你一定要，你就一定能！果真如此，開門紅不過是你年度桂冠的第一顆收藏品！

2011-12-22
21:47

206

除了積極與熱情，我們還擁有什麼？勤勞的人會碰上各種好運，懶惰的人無力奮戰，老天爺也懶得眷顧你！

「老闆娘，你在啊！」電話這頭我親切的招呼。

「林裕盛呀，我今天很忙，你可千萬不要來喔！」電話那頭是冰冷的推拒。

半小時後我出現在她面前。

「不是叫你不要來嗎？」

「老闆娘，我除了積極勤快，我還擁有什麼？」

2011-12-23
22:33

207

【成功在於敢不敢】

一，敢不敢做陌生開發；二，敢不敢向熟人開口；三，敢不敢要求成交；四，敢不敢求人；五，敢不敢承擔新的未知挑戰；六，敢不敢辭去有底薪的工作；七，敢不敢見大客戶；八，見大客戶敢不敢發表自己的見解，據理力爭；九，在客戶面前委屈時敢不敢落淚；十，競賽時敢不敢承諾主管：「我使命必達！」十一，遇困境時敢不敢堅持到底，不斷的捲土重來？

2011-12-26
22:01

208

年輕人剛入行總是趾高氣揚，驕氣十足。其實，應該仔細掂量，自己有多少的含金量？**每顆珍珠原本都是一粒沙子，但並不是每一粒沙子都能成為一顆珍珠。**想要出類拔萃，就得忍受打擊和挫折，承受拒絕和壓力，否則生存不易遑論輝煌！勉勵所有的年輕人堅此百忍，把自己從一粒沙子磨礪成一顆價值連城的珍珠。

2011-12-28
22:06

功夫——千萬業務來自千萬努力

200

【勇氣與幽默，陌拜的兩把刀】

抓住機遇最好的辦法，就是每天激情澎湃地工作。離開客戶的公司往電梯走，瞥見隔壁一家公司門面新穎氣派，當下推門而入，偌大的公司只剩一位貴氣中年婦女。

「你哪裡？」

「哦，我是兩把刀。」

「兩把刀？跟九把刀什麼關係？」

「沒有關係，一把賣保障，一把儲蓄！」

「少年仔，你很搞笑喔！」

兩人笑成一團，不再陌生。

◎每天開開心心的工作，客戶也會感受到你的樂觀積極；樂觀與積極，始終是運氣的敲門磚！

2011-12-31
09:06

林裕盛

210

【往者已矣，來者要追】

永不停歇的是奮進的腳步，永不放棄的是理想的追逐！祝願大家莫忘初衷，飛躍充實，新年快樂！

2011-12-31
17:06

211

「沒有比漫無目的地徘徊更令人無法忍受的了。」

——荷馬史詩《奧德賽》

煙花過後，天空仍舊一片漆黑。明天，新的旅程開始了，朋友們，人生偉業的建立，一在抉擇起始點；二是下了死決心，學不成名誓不還；三是明確的目標。

總結競賽、晉升、組織、收入四大目標，過了兔飛猛進，今年總得龍騰虎躍一番！

2012-01-01
23:08

功夫——千萬業務來自千萬努力

212

我們的專業之一——謙卑的服務態度。

我們和客戶都是平等的人格，但卻是服務的關係。公車上為你開門的司機（並叮囑你小心就座）、餐廳裡為你端菜的侍者、飛機上為你蓋上毛毯的空姐……你覺得他們的工作很卑微嗎？不，那是專業！我們用謙卑的態度服務客戶，就是我們應有的原則與專業的展示！**我始終相信：一個自以為偉大到不屑於做小事的人，一定卑微到不足以成大事！**

2012-01-02
08:11

213

太容易的路，可能根本就不能帶你去任何地方。不忘記自己為什麼出發，就不怕走得辛苦。成功的人是最容易被別人激勵與最會自我激勵的人！

2012-01-02
22:14

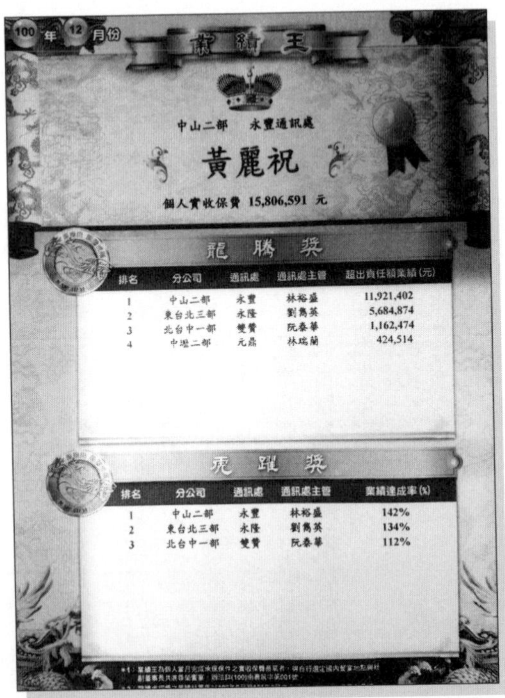

100年12月份

業績王

中山二部　永豐通訊處

黃麗祝

個人實收保費 15,806,591 元

龍騰獎

排名	分公司	通訊處	通訊處主管	超出責任額業績(元)
1	中山二部	永豐	林裕盛	11,921,402
2	東台北三部	永隆	劉雋英	5,684,874
3	北台中一部	雙贊	阮泰華	1,162,474
4	中壢二部	元鼎	林瑞蘭	424,514

虎躍獎

排名	分公司	通訊處	通訊處主管	業績達成率(%)
1	中山二部	永豐	林裕盛	142%
2	東台北三部	永隆	劉雋英	134%
3	北台中一部	雙贊	阮泰華	112%

214

永豐通訊處榮獲二〇一一年十二月：一，個人業績；二，營業處達成率「龍騰獎」；三，營業處成長率「虎躍獎」三冠王。為辛卯年畫下美好的句點！分享大家！

2012-01-03
17:43

215

【有錢人在乎的是安全】

今天收了五百萬。客戶匯款前最後一個問題是：「其實利息也不高，接近二%。」

「董娘，比您會算的人總想往其他高利潤的方向丟，殊不知螳螂捕蟬黃雀在後，他要人家的高利，人家要他的本金，最後五百萬也不見了。您在乎的是安全，不是那百分之零點幾的利息。」

董娘開心的在提款單上蓋下了印鑑。

2012-01-05
21:01

216

【世上最遙遠的距離】

有錢人分兩種：一種是繼承來的，當然怕錢跑掉；另一種是打拚來的，得來不易當更珍惜。

富有的人不缺錢，缺的是對財富的保障與安排。當財富積累到一定程度的時候，關注的焦點已不再是獲利多少，而是如何藉由財富的配置取得一顆安穩的心。畢竟，世上最遙遠的，是爬離貧窮之路！

◎窮人用保險解決現金缺口；富人用保險解決現金保全。

2012-01-06
13:46

217

營銷員不能怕競爭，這個行業只會越來越競爭，競爭不是什麼壞事，它代表市場的需求！時時刻刻培養我們核心競爭力過關斬將，才是健康的心態。真正的安全感來自我們內在的實力！當淚水流盡的時候，留下的應該是一份堅強。每個人都會有過失，與其用淚水悔恨昨天，還不如用汗水拚搏今天。

2012-01-07
22:37

218

如果曾經輝煌，我不時惕勵自己，過去的輝煌只是前奏。

Nobody can go back and start a new beginning, but anyone can start now and make a new ending.

沒人能讓時光倒流，然後重新出發，但所有人都可以在今天啟程，去創造一個全新的結局。

如果未曾輝煌，捫心自問，你要何時起飛，飛往何處？

2012-01-08
20:36

219

【必須告訴大客戶的理念】

很多時候，人們常常分不清理財與投資。真正的理財，有錢人重點是如何安排賺到的錢，上了岸就不要再跌回水裡；而投資則是解決如何賺錢、爬上岸。對富人來說，保險可能不會讓你更有錢，但當你和你的財富面對不可預測的世界時，保險會讓你變得更加容易把握未知的未來。

2012-01-09
15:37

220

奮鬥不懈，終會成功。我們每天的奮鬥就像對參天大樹的一次砍擊，頭幾刀可能了無痕跡。每一擊都似微不足道，然而，累積起來，巨樹終會倒下。當然，現在要保育森林，不能真的去砍樹，客戶是我們的衣食父母，不太好用「砍」做比喻。這恰如我每天的努力。I will persist. I will win.堅持不懈，終會成功。

2012-01-11
19:20

221

壽險事業的路，也要耐心走。走著走著，說不定就會在淒涼中走出繁華的風景。

◎世上本無路，走著走著，就走出一條路。客戶本來不買，拜訪、拜訪、拜訪。「不、不、不、不」，最後也就「要」了！

2012-01-11
22:04

功夫——千萬業務來自千萬努力

不是夢想帶我們到這裡，
是這裡完成了我們的夢想！

222

【設定了今天的目標嗎？】

前輩們一直殷殷教誨我們，要熱情、熱情、熱情！熱情，也要抬頭望日遠。不蒙眼拉車，否則到頭來原地踏步一場空。保險事業的奮鬥充滿目標性，唯其如此，我們才會有顛撲不破的信念與源源不斷的再生熱情！成功不僅僅是屬於跑最快的人，更屬於不斷在跑的人，同時跑在正確的航道上。

2012-01-14
12:18

223

【新人的思想建設】

一，什麼是失敗？放棄就是最大的失敗。沒有失敗只有放棄。告訴你的準客戶，無論經過多久，我都要爭取到你成為我的客戶；二，什麼叫堅強？經歷許多磨難、委屈，你才知道什麼叫堅強。沒有挫折，只有困難，挫折只會消磨志氣；三，你的職責是什麼？比別人多勤奮一點、多堅持一點、堅定信念贏得成功！

2012-01-16
22:18

224

【給新人的告誡】

「急在心裡」，卻不可在客戶面前表現出飢「單」若渴的樣子。客戶拒絕我們的理由有千百種，實話說，我們沒辦法解決的。客戶願意購買的理由也只有一個：願意支持你，背後的原由是愛他自己與他的家人。所以，除非你已確信客戶信任並喜歡你，否則不要往下進行銷售程序，那將摧毀你僅剩的自信。

2012-01-17
23:04

225

【新人，也有好業績】

善用你青澀的面龐！新人唄，何必裝老練？久經江湖的客戶，一眼就會看穿你的故作成熟。一，知之為知之，不知為不知，不知並不影響理賠與滿期金的給付；二，展現你青春燦爛的笑容；三，整潔，不一定要高級的儀表，最動人的表情是辯論無語時那一抹青澀的靦腆，牽動客戶內心的惻隱之心，於焉成交。

◎君子坦蕩蕩，小人長戚戚，唯有真誠才能換取真誠。

2012-01-18
22:17

226

【新年賀辭】

活在當下，把命運緊緊握在自己手裡。別說你沒有背景，社會就是最大的背景！「我還年輕，我渴望上路。」在人生的旅途中，我們永遠都是年輕人，每天都應該滿懷渴望。每個人的潛能都是無限的，找到一個能充分發揮潛能的舞台，行有不得，更要自動加速磨練自身的核心競爭力，快意江湖，龍騰虎躍！

2012-01-20
22:28

227

【龍轉乾坤】

杯子有用，是因為它是空的；房子有用，是因為它有空間讓我們活動；天空之所以偉大，也是因為它有無限的夢想讓我們去馳騁。有形的東西固然可貴，無形的內涵更具價值！祝福大家新的一年能放空自己空杯學習，如此才能裝填嶄新的雄心壯志、雖千萬人吾往矣的勇氣，披荊斬棘過關斬將，「萬事興龍」！

2012-01-21
23:28

228

【新年要有三個錢包】

新年要有三個錢包，第一個錢包是現金或資產，是大多數人都在計算的錢包；第二個是信用錢包，別人口袋裡的錢你能支配多少；第三個是心理錢包，不同的心態下，你感覺錢的多寡是不一樣的。人生始終都在跟這三個錢包打交道：守住第一個錢包是根本，擴大第二個錢包是能力，平衡第三個錢包是人生。（中國平安）

2012-01-24
13:34

229

哈佛著名的理論：「人的差別在於業餘時間，而一個人的命運決定於晚上八點到十點之間。每晚抽出兩個小時的時間用來閱讀、進修、思考，或參加有意義的演講，你會發現，你的人生發生了正向改變，堅持數年之後，成功會向你招手。」老虎．伍茲（Tiger Woods）月光下的練球，造就了別人無法追逐的背影。各位現在在幹嘛呢？

2012-01-24
21:40

230

【與熱情攜手】

If you don't have passion, you have no energy, and if you don't have energy, you have nothing.

新的一年，別忘了結交熱情、勇氣、積極，三位人生最重要的朋友。你的壽險事業將有截然不同的表現，然後，展現出一副志在必得的樣子，你就會在全力以赴中尋得這個事業的快樂，飛得又高又遠！

2012-01-25
20:45

231

在我們這個行業並沒有所謂的優勝劣敗，差別之處只是業績的多寡而已。重點是你只要堅持在這個行業一天，每賣出一張保單，你就為整個社會做出了貢獻！每個人都有很艱難的歲月，但是大多數時候，那些艱難的歲月最後會變成整個生命中最精采的日子，你要不屈不撓、精益求精，小卒終會變英雄！

2012-01-26
22:12

232

Most fault and loss are because of not working hard, not insisting on, not retaining and then tell yourself everything is fate.

營銷員時間很鬆，口袋就會很緊；反之，當你工作滿檔時間很緊，口袋就會很鬆。沒有命運這回事，只有不努力和不堅持；也沒有天分這檔子事，只有勤奮和持續前行。

2012-01-27
23:34

233

【從自己的懶惰下手】

「刻意去找的東西，往往是找不到的。天下萬物的來和去，都有它的時間。」

——作家三毛

促成客戶決定、在等待簽約的過程，就是訓練自己心理素質的機會。我們這個行業，大都需要等待，想減少等待，只要把五十個準客戶增加成一百個，就會減少一半的等待。逼自己去開發更多的準客戶吧！

2012-01-29
19:47

234

【開發定江山】

世界上沒有陌生人，只有未曾認識的朋友；壽險路上沒有陌生人，只有未曾拜訪的客戶。設定每個月換到一百張新名片（很簡單，5×5×4❸），三個月後（三百個新名單），你將忙得不亦樂乎，再也沒有時間想到陣亡的事了！我們永遠沒辦法將撲克牌2變成A；唯一最有效的是，逼自己去找到A！大數法則凌駕一切！

❸每天五張，每週五天，每月四週。

2012-01-30
22:42

235

再一次，為自己的懶惰痛下殺手吧！

2012-01-30
23:46

236

【5×5×4+1】

每個週六下午，從蒐集來的新名單挑一人選做增員面談，一年後4／52（每副撲克牌僅有、也一定有四張A），你將擁有四員強將。持之以恆！牢記：「不規則的增員是增員的最大懲罰！」

2012-01-31
23:27

237

培養兩種習慣：一是看好書，二是聽演講。人生要做兩件事：一是感恩，二是結緣。

2012-02-01
22:09

功夫——千萬業務來自千萬努力

業務員這行飯，肯做就餓不死；
嚥得下，就有好前途！

238

【錦上添花V.S.雪中送炭】

企業資產好比一大缸水，每年從中舀出一瓢，對企業不會有任何影響，但是轉移出來的這一部分放在保險公司，成為我們私有資產中最安全的一筆！在人生順境的時候，保險會使您錦上添花，鎖定我們曾經的奮鬥成果；在人生逆境的時候，它會雪中送炭，確保我們東山再起的資本。（中國營銷團隊訓練權威林海川）

2012-02-02
21:54

239

【客戶是經營來的】

趁著週末拎著禮物到台中經營大客戶，順便參觀了客戶大哥的豪宅與畫廊，晚上還不讓走，揪集了夫人三姐妹及第二代子女聚餐。

客戶是經營來的：一，客戶不是越多越好；二，關注好客戶；三，善用口碑營銷；四，用心是取得客戶信任的關鍵；五，要有旗艦客戶；六，送禮的藝術；七，和客戶建立細水長流的關係利益。誰說我們這個行業寸步難行呢？

2012-02-04
23:20

240

【元宵節的激勵】

仰望天空，對著最亮的那顆星，許下一個追求卓越的承諾！

We are born for victory!這輩子絕不能以失敗收場！祝大家佳節快樂。

環境夠黑，才看得見星星；工作困難，才使得出本事；環境險惡，才驗證出誰是真英雄！

2012-02-06
17:43

241

【因何貧窮】

窮人表面上最缺的是——金錢，本質上可能最缺的是——野心，腦袋裡最缺的是——觀念，面對機會時最缺的是——把握；命運中表面上最缺的是——選擇，骨子裡可能最缺的是——勇氣；改變上最缺的是——行動；肚子裡可能最缺的是——知識；事業上最缺的則是——堅持。（阿里巴巴集團董事長馬雲）

2012-02-07
16:57

242

如果曾經輝煌，我們不斷惕勵自己，過去的輝煌只是個起點；如果未曾輝煌，我要奮起，就在今朝！攜手飛向更高更遠的未來。熱情澎湃，志氣飛揚的一群，掌聲與笑聲齊飛，榮耀在眉宇間打轉……許下的諾言再也不輕言放棄。祝大家成功更成功！

2012-02-10
14:33

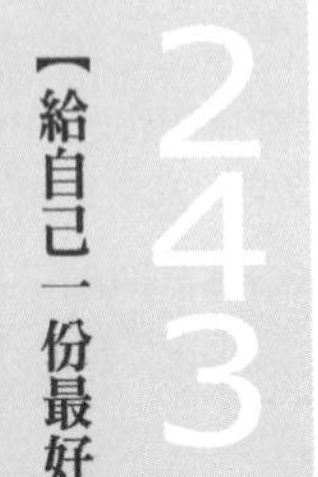

【給自己一份最好的禮物——勇氣】

It is not because things are difficult that we do not dare, it is because we do not dare that things are difficult.

覺得自己「做得到」、「做不到」，其實只在一念之間。每當面對陌生的大門，恐懼油然而生。「我只是走進去」，這簡單的意念幫助我敲開無數的希望，你也可以！

2012-02-12
19:25

功夫——千萬業務來自千萬努力

244

下決心跨越障礙（心魔），力爭上游，否則你永遠只是個二流角色！

2012-02-13
13:20

245

【掌聲響起，永遠的懷念】

儘管已經爬過多少大山，成就一代巨星。鳳飛飛的成長剛好伴隨著七〇年代台灣經濟的起飛，「一道彩虹」「我愛週末」等綜藝節目飛揚著所有那時代年輕人的青春歡樂記憶。二〇〇九年最後一次告別演出，在舞台上，她仍舊謙虛地說：「**我永遠只是站在山腳下**，每一次都準備好的演出才有完美的舞台。」

2012-02-13
22:35

246

成功在於自我逼迫，每一扇陌生的門並不是為了阻礙你，而是證明你有多想要。If you don't go after what you want, you'll never have it.

If you don't ask, the answer is always no.

If you don't step forward, you're always in the same place.

不去追逐，永遠不會擁有；不往前走，永遠原地停留。

人生最重要的不是所站的位置，而是所朝的方向。要成功，向目標拔足狂奔而去！

2012-02-14
23:39

247

【成敗一線間】

成功的關鍵在於力行於別人所不願意做的事，而且持之以恆！

喜歡的事（如待在辦公室、逛街、約會、找老客戶閒聊）少做，討厭的事（如日曬雨淋冬寒的出門、開發陌生新客戶、要求成交、要求轉介紹）多做。

壽險事業是最困難、但也是最容易的事，成敗一線間！最偉大的勝利，不是比別人強，而是克服人性、戰勝自己！

2012-02-15
12:29

功夫──千萬業務來自千萬努力

身段軟一些，貴人多一些。

248

如果說出的每一句話，都思前想後；如果走的每一步，都小心翼翼；如果做出的每一個選擇，都怕將來的自己後悔，那要青春做什麼？
如果面對每一扇陌生的大門，都瞻前顧後；面對每一個客戶，都難以啟齒，那要業務員做什麼？
面對每一次拒絕與挫敗，都只會淚眼以對，那你還是營銷員嗎？

2012-02-15
22:08

249

回覆@夢小姐_ZML：Great!天將予之，必先苦之！不是每一個人都有勇氣和機會為了自己的夢想走到最後，成功的人都是孤獨的，孤獨的最高境界是繁華，車水馬龍，才是轉身離開，為了那個小小的夢想，最小的一絲勇敢。

「天將予之，必先苦之！」世間若無難行路，豈不人人皆成仙。選擇沒人要走的路，需要多大的勇氣？選擇大家都阻止你的路，又需要多大的勇氣？只能走一條路，是人生的可悲亦是可貴之處。如果一切可以隨意重來，我們的選擇又剩下什麼意義？面對錯過與遺憾是一種損失，但沒有孤獨的抉擇又哪來拚鬥到底的決心呢？

2012-02-17
21:12

250

千萬不要因為走過的路太長，而忘記我們為什麼啟航。美國前聯準會主席葛林斯班說：「說到錢這件事，大多數人都希望穩當地掙到。他們很少有掙錢的激情，於是只好懷著沒錢的恐懼。」解決人們對沒錢的恐懼（人壽保險提供創造財富的最佳方案），解決年輕人對未來的恐慌（保險事業提供白手起家的最佳方案）。

2012-02-18
21:59

@閒暇上高峰

不放手，直到夢想到手！

251

【成功的關鍵】

曾雅妮終於辛苦拿下泰國LPGA冠軍。其實她不用這麼艱辛，只因在第一天「推桿」不佳，打了個七十三桿落後第一名六桿之多，後三天才得苦苦追趕。網球的關鍵：「守發」、「破發」；高球的關鍵：「開球」、「推桿」。我們這個行業的關鍵呢？「守住老客戶」、「開發新客戶」，接下來就是細心呵護的功夫了。

2012-02-19
21:01

252

一家公司空運一種魚，過程中六十%的魚會死亡。老闆苦思解決之道，有員工獻策：「在水族箱中放入魚的天敵螃蟹，魚為躲避螃蟹的攻擊，就會全神貫注，在險境中求生。」果然，空運魚的死亡率急降至五%。

「大螃蟹」被引伸為企業的生存危機，我們營銷員的螃蟹在哪裡？是競爭還是怪產品？答案就在我們身上，是我們不夠努力。

2012-02-20
19:14

功夫——千萬業務來自千萬努力

253

有光就有影，當你看見光的時候，不要忘了自己腳下的影子。
有愛就有責任，父母對子女的愛有多深，責任就有多大。
而人壽保險推銷員，不過是扮演著客戶背後的那盞燈，照亮他們的回家之路，並落實他們對家人的愛，直到永遠。
我們如果沒有察覺或無法體會愛與責任的光影，恐怕就永遠跨不過我們這個行業的門檻。

2012-02-20
22:11

254

【要飛得高，你得加把勁】

真正想要達成目標的人，是積極進取的人，懂得克制自己本性去努力的人。否則為什麼學生都想要好成績，好成績的人卻是少數？大家都想要錢，有錢人卻只是少數？人家已經COT❹、TOT❺了，你連MDRT❻的殿堂都進不了？世上只有少數人是天生贏家，大多數人是下了非贏不可的決心。包括我在內。

❹Court of the Table，超級百萬圓桌會員。業績須達到MDRT三倍以上。
❺Top of the Table，頂尖百萬圓桌會員。業績須達到MDRT六倍以上。
❻Million Dollars Round Table，百萬圓桌會員。

2012-02-21
21:20

255

【寵愛你的客戶】

巫董是我台中大客戶。

「董娘，咖啡豆幫你買好了。牙買加藍山RSW莊園、耶加雪夫霧谷。我打到北京追人再打到桃園追貨，連續三年烘焙第一名的豆子！」

「真的啊，都是我的最愛。上回只是隨口說說，沒想到你這麼有心，真的去找來，趕快下來我親手煮給你們（和她老公）喝。」巫太開心的笑聲止不住。

◎給客戶他想要或心裡想要嘴裡沒說出來的，他就會給你你想要的！

2012-02-22
22:07

256

【人壽保險說到底】

有愛心、有責任感、有遠見的人，才會來做保險；有愛心、有責任感、有遠見的人才會買保險。營銷員的智慧激發了客戶的愛心，再用客戶的愛心換安心。

人壽保險說到底就是愛心、責任與遠見，心中有愛，願意為妻兒老小負責，充滿遠見，你就需要人壽保險為你做的事。

2012-02-23
22:43

257

【職業無貴賤，貴在有遠見】

林信孚在寒風中講解建議書。哈哈，彷彿看見當年自己的影子！寧可白做不可不做；寧可多做不可少做。

成大數學系的高材生跑來賣保險，會不會太可惜？之前的努力不都白費了？事實上，這種邏輯叫做「沉沒成本謬誤」！做決策時，首要考慮的是「繼續投入資源，會有好的結果嗎？」也就是著眼於「未來」永遠勝於「已經」付出！職業無貴賤，貴在有遠見！心疼兒子，卻也祝福他愛其選擇，一步步成功！

2012-02-25
19:44

258

【英雄路】

看看獲救礦工心有餘悸的面龐，看看別人，想想自己，這世上有很多人，為了五斗米，是真要拿命去「拚」的。我們能做業務已經比別人幸福多了。我們做的只是用真誠的努力去獲取無限的可能。你有下一個非成功不可的決心嗎？你有做到讓你的客戶都動容嗎？呼天喚地英雄漢，雙腳跑出英雄路……別人能，你也一定能！

2012-02-26
05:53

259

【歲月的眼睛】

昨日越來越多，明日越來越少。不用今是昨非，但求活在當下。

It's now or never.愛要及時，努力更要即時！

2012-02-26
23:46

功夫——千萬業務來自千萬努力

只有能對自己的現在負責，
你的未來也才會為你負責！

260

一，人生最大的投資，不是房子，不是股票，是人；二，跟什麼人交往，跟隨什麼人，交什麼樣的朋友，而這是對人生影響最大的；三，錢不會給人機會，房子也不會，只有人才會給人機會。今日專程南下送咖啡豆給鄭董，回台北後，董娘回訊：謝謝你們，隨時歡迎找我喝咖啡，尤其像信乎這樣的年輕人要多鼓勵他！

2012-02-27
22:22

261

【雪夜趕路人，Stopping by Woods on a Snowy Evening】And miles to go before I sleep?!（《英雄同路》頁一三）人壽保險營銷員的愛與責任有多長，路就有多長！永不懈怠，共勉之。

2012-02-28
00:08

262

【領導必須學會激勵】

今天放假，下午到公司，在土豆網上看了一部韓國片《高地戰》（獲選參展第八十四屆奧斯卡），片尾中尉對鱷魚部隊的激勵堪稱經典：

鱷魚一次下蛋五十顆，半數被其他動物吃掉，剩下長大的小崽子又會成為別種動物的食物，最後只存活一兩隻；但這僅剩的鱷魚，將支配沼澤。**淘汰是必然，選才才是王道！**

2012-02-28
19:15

263

【盈餘轉增資，投資型消費】

我們這個行業沒有工廠設備要投資，卻要整理好一身的儀表行頭（配合收入和晉升，切忌打腫臉充胖子）。手錶襯托一個男人的品味，增加話題，更拉近了我們和客戶心與心的距離！好的手錶還年年增值。現在年紀越大物欲越低，重點不在拚命蒐藏了，偶爾花點小錢哄哄自己卻是最開心的事。

已經好幾年沒有買新錶了。之前Rolex金錶：AP Museum collection、Patek Philippe3919、5712、Cartier Tank都有了。今天到中美鐘錶行找王總，不到半小時，帶了一支Panerai沛納海298基本款。最近經營的大客戶特愛這個牌子，每次去看他總覺得格格不入，下次可有的聊了。先順著客戶的興趣走，再拉回來跟我們走。

◎每次去看他，他總是晃著那支沛納海，搞什麼嘛！

「咦，裕盛，你也有這支錶呀？」客戶眼睛一亮。

「沒有啦，買很久了，一直沒拿出來戴。」哈哈哈！（心裡偷笑。）

2012-03-01
06:37

264

離開客戶，推開隔壁陌生的大門。

擋門的祕書說：「已經有很多人來過了，董仔都不見。」

我說：「漂亮的小姐，你跟董仔講，這個不一樣。」

老闆好奇的接見：「你有什麼不一樣？」

我說：「前面的業務都見不到你，我見到你了。」

陌生董仔哈哈大笑！

我努力、用心、不放棄的度過今天，通常就不需要去擔心明天。

2012-03-01
16:32

265

《海裡有鱷魚》？鱷魚不是都住在河裡、沼澤裡嗎？恩亞娓娓道出如何獨自求生的悲慘經歷。他以不到十歲的年紀，憑著雙腳走過了伊朗、土耳其、希臘，然後來到義大利，就這樣走過八年的時間。

我們從沒被生命逼到沒有退路！如果不能克服恐懼，不單海裡有鱷魚，客戶的門後有鱷魚，我們的心裡也永遠住著鱷魚！

2012-03-03
11:22

266

【人生的夏天】

二十五歲到四十五歲，是人生中最黃金也艱辛的一段歲月。「繼往」無憂的學生身分，「開來」沉重的責任。一，與其拿那辛辛苦苦一桶水，何不勇於創業呢？二，艱難的權衡事業和感情，輕重與先後的抉擇！三，不熟悉但必要的建立人脈、累積財富。但你總得撐下去，熬過夏的酷煉，我們才有美麗溫暖的秋天。

2012-03-03
21:43

267

中國經濟的發展，是世界經濟的核心！一點也不為過。

「一生能夠積累多少財富，不取決於你能夠賺多少錢，而取決於你如何投資理財，錢找人勝過人找錢，要懂得讓錢為你工作，而不是你為錢工作。」

——美國投資家、企業家巴菲特

2012-03-04
15:02

林裕盛

268

人生的夏天（四十五歲）過後開始學高爾夫。一，找個好教練；二，狠狠地在練習場站一年；三，閱讀高球書刊。你就會進入高球愉快的世界，一輩子受用無窮！要嘛認真學，要嘛認真工作。不要下了場，打得零零落落，對不起自己，對不起球伴，更討不到快樂。

統帥十八洞par5，長推抓鳥。

「盛哥，哇，七十八！」

我開心的笑了。「走，吃飯去，今天我請客！」

2012-03-04
19:19

財富的累積來自於正比（人賺錢）、專注於本業和反比（錢賺錢），涉獵理財知識並配置投資。高興教授常常在微博指導我們啊，後者尤勝於前者！羨慕並恭喜大家正身處於世界經濟發展的核心，以及壽險事業急速發展的時代。祝福大家掌握機運全力施為，在壽險業出類拔萃發光發熱，共同為家人與社會做出最大的貢獻！

2012-03-04
21:20

270

【富豪愛什麼】

胡潤首席研究員在頂級品牌高峰論壇上表示，大陸擁有世界最多的白手起家的億萬富豪，身家達上億人民幣（約新台幣四點七億元）的富豪有七千五百名，達到上億美元（約新台幣二十九點四億元）的富豪有六百名。LV、卡地亞和愛馬仕是最受大陸富豪青睞的品牌，高爾夫、游泳和瑜伽是富豪們最喜歡的運動。

2012-03-05
16:23

271

【該怎麼問】

「您打幾桿啊？」很多人看到客戶辦公室擺了一套球桿，劈頭就這樣問。其實這是風險很大的。萬一他打得不是很好呢？建議換成旁敲側擊：「董事長，您也熱愛高爾夫啊，通常一個月打幾場呢？」

如果一個月不到一場（一百桿以上，或者還沒入門）；一兩個星期一場（九十桿上下）；一週二至三場（八十桿上下，單差高手了）。

◎說話的藝術是不傷人又得到想要的資訊。

2012-03-05
19:35

林裕盛

272

【人活五十年，我活百五十】

林語堂在一九一九年寫了一篇〈新生活〉短文。「新生活就是有意思的生活。」此處「有意思」三個字，不僅是「有趣味」，還要「有意義」（meaningful）。

我們這個行業充滿了苦，也溢滿了助人的樂，如果我們真的樂在其中，這種「受用」的本身，就是生活的意義。我們這個行業，真有意思！

2012-03-06
19:34

273

【富人與窮人的時間觀】

富人與窮人的時間觀，在於「不做無益事，一日當三日。」窮人為錢工作，富人讓錢為他們工作；富人時間不夠用，窮人不知如何殺時間。時間在窮人手上一文不值，在富人手裡卻變得價值連城。你通常是花錢買時間還是賣時間賺錢？你是否開車繞了半小時只為了找一個免費車位，還是願意花錢找人辦事，好讓自己可以做更重要的事？

2012-03-07
16:44

274

【有錢人愛的小玩意兒，你也要略懂】

訂了一年的龍年紀念斗，終於到手了。編號八十八（全球限量兩百八十八）。

多年前拜訪一位珠寶店老闆，他正抽著菸斗。

「老闆，吸菸有礙健康啊！」

「少年仔，菸斗雪茄跟香菸不一樣，不用吸進去的，你懂不懂？」

「Dunhill是菸斗的最高檔，特色是黑色管身上有一個醒目的白點。你懂不懂？」

2012-03-07
21:48

275

【今天要向女性營銷員致敬】

從業多年，我一直認為，女孩子比男性更適合壽險事業。因為你們可以溫柔更可以勇敢，個性本來就具備溫婉纖細，細緻的思維再加上堅韌的意志（抗壓抗挫），先天上就優於男性太多。除了事業奔忙，更要照顧好先生（收入往往超越先生）、孩子的身心靈。不容易啊！這個行業因為有你更加輝煌！

2012-03-08
12:14

276

理財最重要的是做好資產配置，真正賺錢的不是多會選股多會買基金，而是讓時間去累積財富。大多數人都太執著於鑽研獲利的工具，而忽略了複利的威力，報酬率高風險亦高，報酬率不高但持續穩定的增值，讓財富在不知不覺中累積才是最高境界。時間創造財富，財富的累積需要時間，你需要時間，你就需要人壽保險！

◎客戶沒有時間，我們給他最多最及時的錢（理賠）；客戶有時間，我們把錢（保費）還給他。

2012-03-09
12:59

功夫——千萬業務來自千萬努力

業務員的能力是被客戶「折磨」出來的！

277

【保單成交金字塔】

關係五、交情四、觀念三、說明二、產品一。如果沒有與準客戶建立良好的信任關係，以及**堆積彼此的交情（這個過程最是辛苦）**，接著在此信任基礎上搭建合適的保險需求；你所做的詳盡說明與促成都是緣木求魚。永遠不要忘記我們這個行業是「人在產品前面」，學習那些頂尖營銷員，看看他們是如何做人！

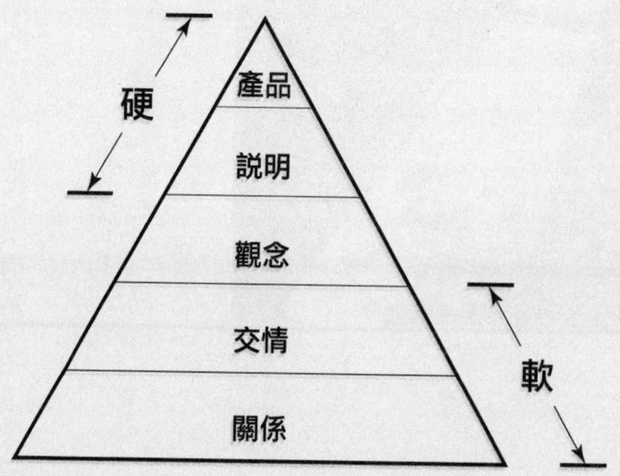

2012-03-10
22:23

278

喜歡這張照片，早上十點，距離下午的大會還有一段空檔，獨自一個人在香格里拉酒店六樓雲廊闊遠眺白堤，享受杭州三月難得的陽光，沁涼中透著一股暖意，只有咖啡相伴。

微風吹過，「樹的方向風決定，人的方向自己決定。這輩子，或大或小，或長或短，總要給自己留下一點傳奇與拚搏的印記。」（杭州歸來．補記）

2012-03-15
21:46

279

【讀者投書，拜訪客戶的空檔，以《英雄同路》相伴。感動ing】

頂尖人物都是這樣走過來的，繼承所有往聖先賢的人格基因：熱情、學習、願意改變、無懈可擊的行動力、無與倫比的意志力、不達目的地絕不鬆手、無可撼動的決心、接受激勵與自我激勵。庶幾接近成功！

2012-03-16
21:54

280

一，破產是暫時的，貧窮卻是永恆的，想要成為富人，心態上要先有富人的思想；二，資產是能夠幫你把錢放進口袋的事物，負債是會把你的錢從口袋抽出的事物（恪遵想要和需要的差別）；三，致富的關鍵就在於能否不斷的把資源（時間、人脈、金錢）投入生產，又產出更多的資源，變成一種善的循環；四，先為金錢工作，再讓金錢為你工作。

2012-03-17
17:35

281

【如果你想在這個行業成功】

面對陌生人，我們要勇於開口；面對熟人，我們要勇於要求；面對拒絕，我們要勇於承受；面對失敗，我們要勇於突破；面對恐懼，我們要勇於向前；面對挫折，我們要勇於挑戰；面對刁難，我們要勇於承擔……

除了勇於面對，事實上，我們別無選擇。給自己一份最好的禮物──勇氣。

2012-03-17
22:08

282

【當你的業績在下滑時】

一，每個人都會遇到；二，這只是個警訊，但你必須正視；三，下滑不代表出局；四，空想不是辦法；五，慌亂也不是辦法；六，如果問題出在你身上，辦法也就在你身上；七，記住自己在哪裡跌跤，而不是倒下；八，要相信自己，全力做出改變；九，認真檢視每天的工作；十，別把自己看得太小，把困難看得太大。

樂觀以對，持續前行！

2012-03-19
15:50

功夫——千萬業務來自千萬努力

做事先做人。
感覺對了，產品不重要；感覺不對，一切都白費！

283

「保險真難做啊，老大。今天問了好幾個客戶要不要買儲蓄險？不要！要不要買醫療險？不要！連被打了六槍！」

「哦！」我抬頭問他，「要不要吃橘子？」他不假思索地回我：「不要！」

我換了說法，「看你臉色蒼白，最近天陰少曬太陽，你又少運動，缺乏維他命B、C，你知道的，橘子是含維生素B、C最多的水果。」

結果他把橘子搶過去生吞活剝了！

◎思維永遠是王牌，營銷員遇到困難不會思索出路，如何脫困？

2012-03-20
17:03

284

【最高境界】

「菩薩畏因，凡夫畏果。」我們從事人壽保險事業的起心動念是什麼？能夠一次兩次……無數次遭受拒絕仍堅持拜訪，就是一種慈悲的力量。**心態高調你就不畏難，作法低調你就不畏苦**，從而找到我們這個行業的快樂。如果你的客戶量夠大，就不必汲汲營營於每次拜訪的成交，心存善意，往往伴隨意想不到的善果。

2012-03-21
23:41

285

【賺那麼多錢，只是讓你住進頭等病房】

地產女王的真情告白！

問題是富人有能力住進頭等病房，不擔心醫療費用，用最好的藥，最強的團隊去治癒他們的病。一般人行嗎？

信義路新光三越百貨地下室美食街，假日生意強強滾。賣肉圓的小攤，老闆娘使勁地夾肉圓，分碗……

「老闆娘，工作辛苦嗎？」

「當然辛苦。」

「賺錢有輕鬆的嗎？其實你不用這麼認真拚，掙來的錢到最後還不是都進了醫院！」

老闆娘抬頭看看我，問我：「那怎麼辦？」

2012-03-23
16:54

286

一定要有堅強的信念，除了我們這個行業再也沒有比我們更好的行業了！推銷必勝，有誰不需要保險為他做的事呢？增員必勝，有誰不想擁有一份事業呢？更何況，我們還是公益事業呢！因為難，才有高收入的可能；也因為難，才會淘汰掉大多數不合格的人。每天都要笑著醒來，這世上還有這麼困難的事讓我們去做。

2012-03-25
15:48

287

【你一定會成功】

一，為了一%的希望，我們要付出一〇一%的努力；二，每次成交要抱最大的希望，做最壞的準備；三，新人更要穿著整齊顯出信心十足，客戶才敢與你做生意；四，勇氣不夠，要顯示實力（對人得體的言語、對產品有力的辯句）；五，戴上「連續榮譽」的緊箍咒——鑽石會高峰會，你才會拚命！六，說大人則藐之，不要害怕收大單。

2012-03-28
09:41

288

【如果你想獲得成功，你就必須迎向挑戰】

You must welcome challenges if you want to be successful!

在你不害怕時去拜訪客戶，這不算什麼；在你害怕時不去拜訪客戶，承認自己是凡夫俗子吧；只有在害怕時還能去敲開每一扇陌生客戶的門，才是真正的營銷員。每天激勵自己，克服恐懼，迎頭搏擊，才能帶來新希望！

2012-03-31
00:06

289

【不要把財富留給孩子，要把孩子培養成財富】

晚上和我們家兩個小帥哥吃飯，教導他們開始存錢建立核心持股（平穩型高殖利率股）。

假設有一支股票十九元，平均配息一點五元，殖利率超過七%，從現在開始每年買進十至二十張，二十年後你們才四十幾歲，一年就有六十萬的股息。建立小孩的理財遠見——捕魚技術，甚於金錢給付。

2012-03-31
22:14

林裕盛

290

我只是一個平凡的人壽保險推銷員。和大家一樣：一樣心存恐懼地開發新客戶、一樣敬業的服務老客戶、一樣承受遭受拒絕時的痛苦、一樣在成交時開心地笑……差別只在於入行比大家早了些，也從沒想要放棄過，因為我一直深信，我們是這個社會上最艱苦卓絕的一群。

◎不論你的名片換成主任、襄理、經理、處經理、總監……

歸根究柢，我們在客戶面前，永遠只是一個平凡的人壽保險推銷員！

2012-04-03
00:31

291

「老師，印章如此可否？可以我就起印囉，再稍稍打磨幾下就可以了。」

很美的字啊，不曉得怎麼表達我內心的謝意，真的很感動！大家多關注趙夢露，一個才華出眾，雖然命運多舛，但仍然在人生道上壽險路上奮鬥不懈的堅強女子。

2012-04-03
00:51

功夫——千萬業務來自千萬努力

292【平庸的可悲】

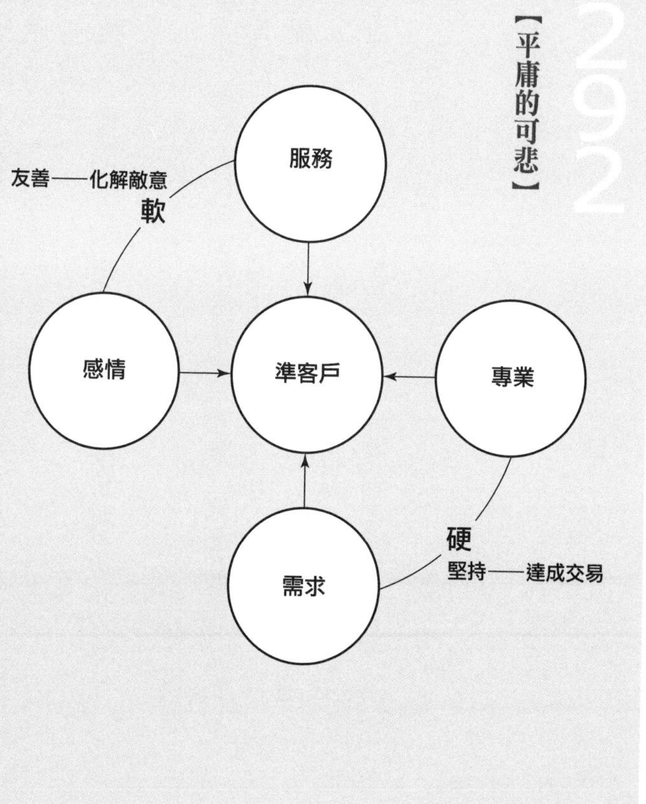

請專注在人際關係的經營與強而有力的話術，學了之後練習再練習。懂了不一定會，會了不一定熟，直到融入你的人格成為你的反射動作。後者說之以理（硬）；前者動之以情（軟）。成功從不容易，豈是想像、說說而已！

2012-04-03
22:24

293

【以球會友】

「Jerry，明天我帶個朋友來行不行？從上海回來的高董，我的至交。」

「當然好啊！」

「盛哥，你們三人，加一個李董跟你們併組打好不好？」

「當然好啊！」

一場球下來其樂融融，球經生意家人，打完了十八洞意猶未盡，四人在會館點了咖啡啤酒續聊，順便對我剛換的GIII鐵桿組評鑑一番。男人幫的交流，開心哪！

我喜歡一個人背著球桿到球場和陌生球友併組，結交新朋友！一場球下來三至四個小時，不熟也熟絡了。先交朋友↓建立交情↓給他保險觀念↓有機會就有新生意上門了！

2012-04-04
21:30

功夫——千萬業務來自千萬努力

最困難的是要求成交，
這一點也不難，只要你明白「要」就得「求」。

294

【奮鬥再奮鬥】

如果你打馬虎眼，推銷業是世上最艱難的工作；但如果你勤奮工作，推銷業就是世上最容易的工作。

絕大多數新人喜歡在辦公室約好客戶再出門，幾個星期過去了，一籌莫展，再過幾個月過去，新人也不見了。

我要斬釘截鐵告訴你，客戶不是用約的，而是要下苦功一一親自拜訪，永保初入行的熱情，並唯勤是問。

2012-04-05
22:18

295

【提劍追夢】

你無法得到報酬，除非你完成交易；你無法完成交易，除非你與客戶面談；你無法面談成功，除非你親自拜訪。

「羅祕書早啊，王董呢？」

「林先生，真不巧呀，我們老闆剛離開，就前十分鐘剛走。」

怎麼會這樣，不是約好了嗎？每次約好，王董都是「準時，提早離開」，我終於明白了！客戶不是用約的，提劍追夢，才會夢想成真！

2012-04-06
22:46

功夫——千萬業務來自千萬努力

這世上從來沒有隨隨便便成功；
當然也沒有人隨隨便便失敗！

096

【無處不學習】

「裕盛啊，最近有什麼心得呢？」和徐總開會休息時，冷不防他這樣考我。

「哈哈，老大，前兩天休閒看了小瀋陽二〇〇九春晚《不差錢》，他說的話挺有意思的！『人這一生啊不要太計較，眼一閉一睜就是一天過去了；眼一閉睜不開就是一輩子過去了。』」

徐總聽了直點頭！

如果你百分之一百零一投入工作，任何資訊出來就是無限的保險創意！

2012-04-09
22:04

297

【不怕困難，願意吃苦】

下午五點新人從土城回來了。

「報告老大，收了！」

「哦，」我開心的拍拍他肩膀以慰辛勞。

「今天也是飄著雨，還好您鼓勵我去，老闆娘看我一身濕漉漉的騎摩托車來回兩小時去看她，應該是有感動到了，剛坐下寒暄沒兩下把要保書拿出來，她就簽了。」

從去年底到現在不過四個月，真誠明智的努力絕不白費，天道酬勤呵！

心裡如果老是盤算著下雨天，客戶會不會在、見了面會不會成交而裹足不前，幸運之神都會躲著你呢！下雨算什麼，下刀子也得去啊！牢記寧可白做，不可不做！

2012-04-10
18:59

功夫——千萬業務來自千萬努力

298

【機會跟成長總在舒適圈之外】

辦公大樓陌生開拓帶來高端客戶。推第一扇門很困難，推第二扇門很恐懼，「我只是走進去」，把想像的可怕堵在門外，讓推門成為一種習慣，慢慢的你便會享受推開每一扇門之後帶來的驚喜與挑戰！卓越與平庸就在那一門之隔，握向一百雙陌生之手，你就會發覺，頂尖高手並沒有傳說中那麼偉大！

舒適圈

擅長的事
熟悉的人
不用多花時間
有很高把握
不用多花力氣
做過的事

不擅長的事
陌生的人
花更多時間
沒什麼把握
花很多力氣
沒做過的事

2012-04-11
22:22

299

【成功的公分母】

不是學歷，不是經歷；而是力行於別人所不願意做的事，且持之以恆。

If you want something in your life you've never had, you'll have to do something you've never done.

如果你想獲得那些從未得到過的東西，你就必須做那些你從未做過的事。記著，平庸並不可悲，可悲在永不嘗試！

2012-04-13
23:39

300

【頂級銷售員七個特徵】

團隊領導者不可不察：一，謙遜而穩重（與愛出鋒頭的傳統印象相反）；二，高度盡責；三，有堅定目標，且不斷將執行情況與目標對比以激勵自己；四，有極強好奇心（熱中學習）；五，但不太合群（這個是他們組織發展的要害，既出將難入相）；六，不容易氣餒；七，不容易害羞和自我壓抑（自我調整的能力）。（馬歇爾商學）

2012-04-14
22:35

功夫——千萬業務來自千萬努力

301

【難在不用心】

連續兩場球從果嶺邊直接切進洞抓鳥，是運氣好。但基本的切桿原理你用心看書——華生的短打，侯根的長打，體會來龍去脈（P桿飛行50滾50；A桿飛6滾4；S桿7：3；9鐵4：6）並苦練了嗎？

保險也一樣，要熱中學習，每天抽空兩小時靜心細讀所有武林高手的不世絕學，並勵行他們的成功要訣！凡事皆可成，貴在用心！

2012-04-16
00:05

302

【成功到成就】

成功的人和失敗的人就差一點點：成功的人可以不斷修改方法，但絕不修改目標；失敗的人可以不斷修改目標，但絕不修改方法！成功和成就也只差一點點：個人成功只是追求業績卓著（利己）；團隊成就卻擁有一群成功的人圍繞著你（利他）。豐富了部屬更豐富了自己！

2012-04-16
21:31

303

去昆明前收了八萬美金期繳終身壽險，完成了連續三十年高峰榮耀。

勉勵大家都得築一道連續的榮譽之牆，作為壽險事業的馬其諾防線！**目標↓里程碑↓傳奇！**我們這個行業最困難的即在「逼迫」二字：逼自己去見客戶，然後使出渾身解數完成交易。沒有那一堵牆，很難全力施為釋放潛力；也唯有拚盡全力，方能贏得客戶最終的支持。

2012-04-19
23:28

304

保險不是儲蓄，是保護您的儲蓄；保險不是投資，是讓您投資更放心；保險更不是花錢，是讓您守住錢。

保險是一切投資活動的前提，只有在足額保障下才能安享財產增值，有朝一日達到真正的財務自由。（太平周濤）

◎保險不是進攻，是防守。一支球隊如果沒有守門員，攻進再多分都是枉然！

◎買足了重疾醫療險，生病之後，可能有機會買個寶馬過過癮享受餘生；沒有保險，恐怕連馬都得賣了。

2012-04-20
22:45

功夫——千萬業務來自千萬努力

如果你收了一個大單，
別忘了，再回去收一個大單。

305

【新人最難克服的】

新人最難克服的就是無邊無際的恐懼，熟的人不敢開口；不熟的人沒有勇氣講。新印的名片放在公事包幾個月了，卻一張也發不出去！忘掉業績忘掉佣金，牢記我們的任務，牢記人壽保險帶給人們的好處，你才能勇往直前！「困難是一面鏡子，高懸在生命的險峰，它照出勇士攀登的雄姿，也顯出懦夫退卻的身影！」

2012-04-22
22:37

306

【心想「行動加堅持」，等於事成】

下午要出發到青島MDRT特訓營演講，喜獲高層杜副董「高峰競賽連續達成三十次創造傳奇共享榮耀」慶賀花籃。真是開心哪！三十載歲月匆匆過，歷經歲月難逃老，一事痴狂便少年。還好沒辜負這大好青春。有些事不是看到了希望才去堅持；而是因為堅持了才看到希望，加上永不懈怠的行動力，完成夢想。

2012-04-24
12:15

功夫——千萬業務來自千萬努力

307

【狂傲，來自對行業的認同；堅持，來自對榮耀的永不妥協】

一，堅持銷售。人壽保險事業的佼佼者，是流著貴族血液的Top Sales；二，堅持發展直轄。聚集英才健全組織；三，堅持構築一堵連續的榮譽之牆。既無退路只能勇敢向前展輝煌；四，堅持豐富部屬，方能豐富自己；五，堅持優質服務客戶。一個新人平均花七年時間建立聲望。記於青島。

2012-04-26
18:11

308

阿慢小姑娘跟我分享。

「我們村親戚很多，有兩三個同時在做保險，有一次我去拜訪一位嬸嬸，她很為難不知要跟誰買。我跟嬸嬸說：『阿嬸，你年輕時一定有很多人追你，你總不會怕得罪這個、得罪那個，最後誰都不嫁了？就是都不跟我們買，決定跟外面人買也沒關係，重點是不能沒有保險，最後傷害了自己，那就得不償失了。』隔天我就接到她的電話。」

2012-04-28
20:41

309

@劉俊朋001：理解人性，把握人性，營銷無不勝：一，喜歡打扮乾淨的人；二，喜歡辦事利索的人；三，從眾；四，貪婪；五，愛占小便宜；六，喜歡被讚美；七，都認為自己講道理；八，不喜歡被說服；九，認為自己是對的；十，信任專業與品牌；十一，被感動的時候會立即行動！

實話說，人壽保險解決老、病、死的理論基礎已經夠完備了，為什麼營銷員的表現會有天差地別的差異性呢？問題的癥結完全在於人性的掌握！我們這個行業的特點是：人在產品前面。除非通過了客戶的喜歡和信任（你的第一個關卡），否則永遠無法開啟成交之門。修練乍見之歡（儀表），久處之樂（內涵），是所有新人的第一堂課！

2012-04-29
23:49

功夫——千萬業務來自千萬努力

在不斷的努力中尋找運氣，
在連續的運氣中創造成功！

310

聰明學痴心做，就是傻傻地做。很多人是倒過來，笨笨地學，巧巧地做。須知「慧」不如「痴」！慧易成局，但難成大事。

世上成大業者，都是靠著那股傻勁完成的。所以說，**壽險事業最終的格局，決定的關鍵在於「痴心實踐」，而非聰明取巧。**世上最遙遠的距離，不是客戶荷包裡的錢到推銷員公事包的距離，而是你和書本的距離。

2012-05-01
23:50

311

【專注】

我將注意力放在行動上，吸引而來的是機會不斷；放在憂慮恐懼上，吸引而來的是問題重重。我不去想是否能夠成功，既然選擇了遠方，便只顧風雨兼程；我不去想，身後會不會襲來寒風冷雨，既然目標是地平線，留給世界的只能是背影；我不去想，失敗挫折的痛苦，既然選擇了路的開頭，我必奮鬥長奔到盡頭。

2012-05-02
22:42

312

很多人一輩子追尋成功的祕訣，其實成功就在你心——選擇、努力、堅持。想要成功，先問問你自己，內心是否種了這三顆種子？

2012-05-03
18:59

313

選擇進入保險事業，「成功已是注定，速度才是關鍵！」信念↓勤奮↓速度。

◎《孫子兵法》云：「激水之疾，至於漂石者，勢也。」速度，決定石頭在水上飛的距離。

2012-05-03
22:24

314

營銷員最重要的特質是樂觀：「笑看人生，勇闖艱辛！」

Laughing faces do not mean that there is absence of sorrow! But it means that they have the ability to deal with it.

「充滿歡笑的臉，並不是意味著沒有悲傷。但是卻表達出他們有能力去處理悲傷。」

——莎士比亞

315

壽險事業成功的理論其實很完備了。「願意吃苦自我逼迫」是最基本的條件。說到吃苦，我們這個行業有什麼苦的，每天最主要的工作不就是「穿著整齊、臉掛微笑」找人聊天罷了，頂多是被客戶拒絕，他每拒絕一次，你就再多跑一次，每多跑一次，他就多一分不好意思；**當我們跑到不好意思再去時，也就是客戶不好意思不買的時候了！**

◎世上本無路，走著走著人多了，也就有了路；客戶本不想買保險，去的次數多了，積累了人情壓力（再加上客戶想清楚了，所有的保險利益都是他自己和家人所得），也就買了。

2012-05-04
22:41

316

【如果你體會了】

推銷是一個很光榮的行業，推銷員是社會經濟進步的先驅，推銷員的能力是企業成功的先決條件，推銷員的運轉是內勤人員運作的原動力，他們因我們的存在而存在，頂尖推銷員是社會上最受尊重的人物。把推銷當成一種事業去拚搏之後，你的專業銷售生涯才會開始啟動，也才有機會躋身高階銷售人員！

2012-05-05
22:22

317

壽險事業的成功關鍵在於你用什麼樣的態度看待這個工作，它可以是一樣僅及糊口有一搭沒一搭的職業，也可以發展成處處受人敬重的高收入事業。**別人怎麼看待我們是一回事，我們怎麼看待自己就是關鍵了。**平凡的營銷員自慚形穢，從不想認真經營，黯然收場殊屬可惜！回想你初入行的雄心壯志吧，你有的是機會扭轉乾坤！

2012-05-06
21:50

如果你能從熊的身上拔下一根毛，
別忘了牠全身的毛。

318

【保險歸保險，儲蓄歸儲蓄】

談保險要從客戶關注的問題入手，打通觀念。其實我們平時很容易被客戶帶進一個怪圈，動不動就跟銀行證券比較。這世界有三大金融支柱，它們的功用肯定可互補，不能互相代替，你只要找出它的優點、作用來說明就可以，不要動不動就拿保險跟銀行儲蓄比流動性，跟證券比收益率。（太平周濤）

2012-05-07
22:38

林裕盛

319

絕對的頂尖高手，絕對的行動導向。你必須是一個實踐主義者，行動已是必然，速度才是關鍵。你行動得越快，就會讓成功與時間成反比；你行動得越快，精神就越好，越覺得生命在燃燒。你行動得越快，就會拜訪更多的人、獲得更多的經驗，並贏得更多生意。我們也終究會明白，作為一個營銷員，除非你一馬當先，否則永遠尋不得青雲之路！

2012-05-08
22:07

320

頂尖高手，絕對的目標導向，沒有目標的行動皆枉然，白忙一場原地空轉！身處低谷時，仍要仰望星空。想成功，就要設定越困難、挑戰大的目標，才能夠激發潛力，迫使自己跳出習慣框架。一個超高難度的「硬」目標，能讓凡人變非凡！其實，不論最後硬目標的達成率是多少，最重要的是，平凡如你我，已經走出了一條不同的路。

試想，如果撐竿跳沒有橫桿，就沒有目標，無論多麼優秀的選手，也就不知道要跳多高了。

2012-05-09
22:31

321

我們不用喜歡保險，只要善用保險替我們做的事。

「王董，沒事你會喜歡釘子嗎？」

然後從公事包拿出一顆鐵釘放在他面前，讓他凝視幾秒。

沉默，空氣一片死寂。

再從公事包，抽出要保書，移開釘子擺在他面前，同時靜悄悄地遞給他一支筆。「現在有錢說沒錢（買保險），將來住院時沒錢也得『出錢』。王董，簽這裡。」

2012-05-10
22:37

322

【不要老想著高額保費高端客戶】

要明白，十個年繳十萬的中端客戶，勝過一個百萬高額單，一百個一萬的小客戶，更不比一個百萬大客戶差！大客戶有的是錢，他們利用保險不過是節稅，富上越富罷了；普羅大眾老百姓更需要保險，以免一輩子窮。服務大眾不是我們入行的初衷嗎？**小客戶有一天也會水漲船高，將來就是我們扎扎實實的大客戶。**

2012-05-12
22:18

323

【學習要用腦筋】

「二流的人攀龍附鳳，一流的人成龍成鳳。」這句話聽起來氣勢很強，邏輯上值得省思。

我的想法是，成功三部曲：一，先攀龍附鳳；二，努力成龍成鳳；三，再心胸豁達讓後進攀龍附鳳，以至個個成龍成鳳。

成功的人拉拔後進是社會責任。哪一個成功人物背後沒有貴人相助呢？想成功的人不忘放下身段求人幫忙，乃天經地義！

2012-05-14
12:50

324

頂尖高手：一，絕對的行動導向；二，絕對的目標導向，不達目的地絕不鬆手；三，絕對的學習導向：向成功者或專家學習，模仿你行業中的佼佼者。不斷的重複他們的思想、行為、穿著，日復一日，直到成為你的第二天性為止。

偉大的成功與成就，都是在付出別人看不到或想像不到的努力之後累積而成的。我要苦心孤詣、辛勤耕耘直到成功！

2012-05-15
21:56

功夫——千萬業務來自千萬努力

325

【門裡門外】

成功的代價是如此高昂，但它和平庸的可悲比較起來，卻又如此微不足道！每天都有人進京趕考，不數年間飛上枝頭變鳳凰；每天也都有人辭官歸故里，飛入尋常百姓家。如果我們成功了，只要拚鬥到成功為止；如果你失敗了，卻要付出一輩子的代價。既然只下一次決心跨入壽險業，我們已經沒有失敗之路！

2012-05-16
23:44

326

【繼承所有頂尖人物十項人格特質】

因為**不甘心**，所以你會擦乾眼淚重新再起；因為**不服輸**，你會拚盡全力，勇創佳績，放低身段也是一種能力。「**抗挫性**」是結局不如預期時的豁達；「**抗壓性**」是好事快成局時的沉穩。至於**樂觀**、**勇氣**、**積極**、**熱情**、**正直**、**決心**那已是基本條件了。成功有捷徑，在於百分百複製成功者的人格基因。

2012-05-20
22:31

327

問：在創業過程中，有沒有協助您成功的貴人，請概述其間的心歷路程。

答：成功人士常肩負兩者責任，但現今年輕人不太懂人情世故的應對進退，要請長輩提拔一定要放軟自己的身段，尹總裁也說了，「我喜歡求人，求人時面帶微笑心存感恩；也喜歡被求，被求時滿心歡喜，樂於助人。」連尹先生都如此了，年輕人不用求人嗎？——《南山月刊》五月專訪（上）

2012-05-21
22:24

功夫——千萬業務來自千萬努力

出路嘛，出去走走就有路；
千萬千萬，別「困」在辦公室裡萬事「難」！

328

【推銷必勝，增員必勝】

每個男人心中，都藏有一部保時捷，每個男人心中也都藏著一個夢想，擁有一份事業！每天早上帶著笑容入睡，每天早上笑著醒來，感謝這個世上還有這麼困難的行業讓我們來做。——《南山月刊》五月專訪（下）

◎如果說年齡是生命的長度，學識是生命的密度，意志是生命的強度，那麼，夢想就是生命的高度！

2012-05-22
00:04

329

如果千篇一律問人家：「你要不要買保險？」答案百分之九十九很可能是「不要！」，弄得你氣勢很弱。

拐個彎，換個新鮮台詞，「你是不是正要買保險？」被問到的人聽得耳目一新，五雷轟頂，登時腦袋千迴百轉。「我是沒想買保險，但女兒倒是可以考慮。」如此一來把推銷做活了。

成功也許有很多金科玉律、良方妙法，但何妨注入創意帶來新生意！

就像賣早餐的歐巴桑往往問我們，「先生，您要一個蛋還是兩個蛋？」

2012-05-23
22:34

330

【衝擊式impact銷售法】

陌生推銷用「你是不是正想買保險？」取代你要不要買保險；陌生增員用「你是不是正想換工作？」（哪一個上班族不想換工作？）取代「你要不要來做保險？」如此才能衝擊對方的思維，讓他們正視你的存在！成功的法則，除了循規蹈矩，還可別出心裁。競爭越激烈，越要有不按牌理出牌的心智，方能勝出！

I（Investigate）調查
M（Meet）面談
P（Probe）探索，深入瞭解
A（Apply）滿足需求
C（Convince）誠心說服
T（Tie it up）成交

2012-05-24
23:02

331

真的好！勤奮工作、有效投資、節儉、敢於冒險。

【有錢人特徵】

一，大多數是白手起家，只有十四%的人表示父母很富裕；二，不穿名牌、不戴高價錶；三，教育程度普遍較高，九十%的人受過高等教育；四，九十五%的人認同勤奮致富；五，八十一%來自節儉，六十七%的人則富於冒險精神。

2012-05-27
00:16

332

【我們千萬不可妄自菲薄】

產品在人前面的業務員頂多是性能說明員、產品比較員、送貨員，永遠無法冠上「推銷員」。因為他們成交關鍵在產品，而非完成交易這個人。這就是我們這個行業困難與偉大之所在！

2012-05-27
00:50

功夫——千萬業務來自千萬努力

333

【志氣飛揚】

送給自己一張最好的王牌——志氣飛揚，這是我在給年輕朋友的信末最喜歡的祝福語。今年過了快一半了，還記得年初許下的承諾嗎？目標達成了多少？「志」是朝著一定的目標走去；「氣」是一鼓作氣，不達目的地絕不鬆手。成功與失敗的差距，往往不在能力，而在於你是否相信自己做得到。要明白，其實沒志氣才是最窮的人。

2012-05-28
22:42

334

你見或不見，客戶都在那裡，都等著人去見。那我們為什麼要把客戶推給別人呢？

◎寧可白做，不可不做；寧可多做，不可少做！

2012-05-29
00:09

335

真正的冠軍是裁判數到九後，能爬起來擊出最後一拳，並贏得比賽的人。不服輸、拒絕被看衰是成功業務員不可或缺的特質。業績結帳日的當天，我總在營管處等待每一架戰鬥機的歸航。總有在最後一天、最後一刻進來報帳達標的身影。

「有一次早會，師父說我不太可能完成任務，我嚥不下這口氣。」奏效的是反面激勵，領導者難為啊！

2012-05-29
22:36

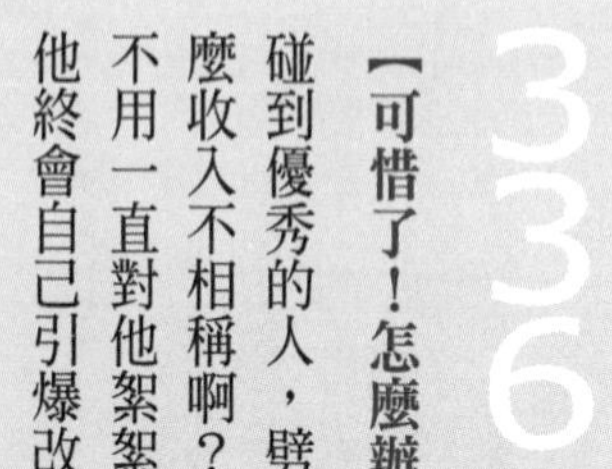

336

【可惜了！怎麼辦？】

碰到優秀的人，劈頭就對他說：「可惜了！這麼好的人才怎麼收入不相稱啊？」於是他就開始不開心了。增員頂尖的人不用一直對他絮絮叨叨，在於放一顆地雷在他身上，有一天他終會自己引爆改變思想，加入我們的團隊！

◎增員素質一般的人，也講三個字——「怎麼辦？」一個是翻轉身手，一個是翻轉宿命，有才沒才，人壽保險事業正是你翻身的唯一機會！

2012-05-29
23:06

功夫——千萬業務來自千萬努力

337

產品本身的基本價值，顧客所期待的服務水準，超乎客戶想像的加值服務，構成服務的三大主軸，主宰了你是幾流的業務員。三流業務員僅達到第一項要求，二流業務員止於第二層，一流的營銷員臻於最上層加值服務品質，在銷售上無堅不摧、呼風喚雨！可惜的是八十%的業務員擁擠在第一層產品的功能意義上打轉，難以出類拔萃。

2012-05-30
23:00

338

加值服務重點在於遠超過客戶的想像之外，它能帶給客戶驚喜，建立長遠的關係更帶來長期商業利益。你已在客戶心中塑造出不可動搖的地位，在行業中立於不敗、勝人一籌！別忘了，我們是金融「服務」業！

2012-05-31
23:44

339

我們是金融服務業，重點在後面的「服務」兩個字。客戶也許期待你服裝整齊、品味十足、準時赴約、保單服務、信守承諾，但僅僅是這樣嗎？說明白一點，你能不能做到讓客戶以能跟你投保為榮，下次碰到他的朋友或其他營銷員來訪時，也能驕傲的說：「我已經是某某人的客戶了。」學習並勵行超值服務，我們才能立於不敗之地！

◎超值服務，創造營銷差異性。

◎超值服務，來自營銷員的被利用價值。

2012-06-01
22:37

340

告別瀋陽的風塵，重回成都。佇立香格里拉酒店下眺廊橋夜色之美，不覺韶光易逝！吾輩當珍惜情緣，及時努力莫等閒白了少年頭。學習是為了**改變↓成長↓成功↓成就↓回饋**。

莫忘MDRT密碼：一，專注；五，堅持；一，熱情；八，習慣。「一五一八」贏向壽險事業大未來。祝福大家！

2012-06-06
23:53

341

【堅持的力量】

挫敗淬鍊出更堅強的莎拉波娃（Maria Sharapova），昨晚捧起法網女單冠軍金杯，完成生涯全滿貫的關鍵在哪裡？莎拉波娃說：「儘管懷疑，但我從未失去信念。」莎拉波娃少年得志，十七歲就拿下溫布頓冠軍，二〇〇八年遭遇重大肩傷，連她自己都不確定能否重返巔峰，但她說：「就算在最黑暗的日子裡，我都沒有失去信念。」

我們這個行業的五大堅持：一，堅持第一線銷售；二，堅持發展直轄；三，堅持提供客戶優質服務；四，堅持豐富部屬；五，堅持從挫敗中成長，直到成功為止（繼承世上所有頂尖人物的人格特質）。

2012-06-10
22:05

林裕盛

342

每天幫我洗車的阿桑進我辦公室請款。每次給完她工資她掉頭就走，今天不知怎的兀自站在那囁嚅的說了這麼一段話。

「我女兒太內向，口才又不好，不然就叫她跟著您做保險。」

「不要看不起你女兒啊，口才是可以訓練的，至於內向，我原來也很內向啊，哈哈……」

銷售事業的成功關鍵在於你用什麼樣的態度看待它，它可以是一項僅及糊口的職業，更可以發展成處處受人敬重的高收入事業。別把自己看小了！

2012-06-11
23:03

343

【一切即劍】

二十九歲的宮本武藏在岩流島擊敗了二十六歲的佐佐木小次郎。武藏運用了潮汐、心理戰、削槳為劍、背光的有利位置等等。「一切即劍」（宮本武藏）擊敗了「劍即一切」（佐佐木小次郎）的自負天才。在銷售上我們體會了什麼？光懂保單條款不足恃，你必須動用所有有利的資源去成交；否則，你只是一個產品說明員，距離成交何止一哩？

2012-06-15
16:38

功夫——千萬業務來自千萬努力

學習是為了改變→成長→成功→成就→回饋。

344

【天下學問定於一】

下雨天的週末夜讀書最樂！頃讀《猶太人致富三大祕訣》：一，可攜式的知識（我們隨處可用的技巧）；二，自助人助（人際關係）；三，成功人士是專家和企業家。專家是推銷，企業家不正是增員組織嗎？天下的道理皆相通，心領神會時，枯枝落葉皆成劍！競爭時代唯實力者勝出。實力看得見，學習是關鍵！

2012-06-16
22:32

345

目標咫尺天涯，近在眼前，你付出了代價，但已疲憊不堪說著：「我已盡力了」。你真的已使盡全力了嗎？

沒有夢想是最可憐的人；有夢想沒有作法是最愚笨的人；有夢想有作法卻不拚盡全力卻是最丟臉的人。不拚盡全力意味著向困難妥協、臣服於失敗；不拚盡全力表面上沒有失敗，但也保證了無法完成夢想，永無耀眼成功之日！

「我只是不做而已！」「我只是不拚罷了……」「那樣拚命值得嗎？」這樣的話我們聽太多了，他們失卻勇氣面對失敗，他們怕付出代價後仍然不能成功，這樣的態度注定永遠只能躲在牆角哭泣。你面對困難的勇氣決定了你的成就格局，面對拚搏下注當頭的思想，決定了你要花多少時間才能反敗為勝。除了盡力，失敗沒有任何藉口！

2012-06-17
22:47

功夫——千萬業務來自千萬努力

346

天堂，在你心中；當然，地獄也在。人壽保險銷售的起點，永遠是從一個充滿熱情的推銷員和一位冷漠的準客戶開始的。他也許基於人情基於你的積極邀約，給了你這一次的見面機會。大多數的時候，我們甚至連客戶的面都見不到的！每天穿梭在地獄與天堂之間。但夥伴們，沒有經歷過地獄般的試煉，我們如何有征服天堂的力量。

「如果視工作為義務，那麼你就是在地獄；視工作為樂趣，你就在天堂。」

——美國實業家、慈善家洛克菲勒

2012-06-19
21:34

347

「困」是因為自己把自己囚禁在思維的牢籠裡；「難」是因為自己把自己逼迫在方法的迷宮裡。轉換思維，選擇方法，自然走出迷宮，迎向藍天！出路嘛，出去走走就有路；千萬千萬，別「困」在辦公室裡萬事「難」！

2012-06-20
00:14

348

【外勤領導不做單，算什麼英雄好漢】

是銷售太困難，太辛苦，還是沒面子？很多人進了外勤，抱著推銷保單只是過水的想法，天真的認為只要賣單一兩年就好，將來晉升主管發展組織以後，就可以既有尊嚴又可輕鬆的躺著賺大錢，甚而汲汲營營轉往內勤發展。一個不喜歡、不擅長、不以銷售為榮的外勤領導，除了可悲，夫復何言？

回覆@谷蘭如君：謝謝啊，其實沒那麼偉大！只是如果外勤領導不喜歡、擅長熱愛銷售，然後期待下面整個團隊驍勇善戰，豈不緣木求魚？「以身作則」永遠是領導團隊的最高準則。除非我們身先士卒，否則永遠算不得英雄好漢！祝大家佳節愉快，日復一日莫忘推銷；年復一年莫忘增員！

2012-06-23
10:19

功夫──千萬業務來自千萬努力

349

【洞悉人性】

客戶向我抱怨投資虧損兩百多萬。

「唉呀，老哥，金融海嘯沒虧到錢的怎算有錢人？」你不用大費唇舌解釋怎麼虧的如何如何……最後和客戶辯得面紅耳赤，落個不歡而散的慘局。

客戶當然心裡雪亮，帳上縮水是整個大環境的問題，不能怪到你頭上，他只是像小孩子一樣向你撒撒嬌，要你給他一個舒服的說法。

結果客戶開心地笑了。我乘「笑」追擊，還加保了一張儲蓄險！你應該明白，能繳高保費者，所有的保費都只是他家產的九牛一毛。我們這個行業的困難在於「條條大路通陣亡，成功只是一條窄小獨木橋：放低身段通曉人性」。掌握客戶的喜怒哀樂，才能踩上通往客戶心靈深處的獨木橋，激發他的愛心善念，庶幾快樂成交。

2012-06-23
22:15

林裕盛

350

【沒有失敗，只是尚未成功】

其實沒有那麼多的挫折和打擊，我們不可能全勝，準客戶也都有拒絕的理由。

「幸福的家庭是相似的；不幸的家庭各有各的不幸。」成功的業務員也是相似的，失敗的業務員則各有各的面貌。

我們無須沉溺於一時的挫敗，也無法回到過去重新出發；但所有人都可以在今天啟程，去創造一個全新的結局。

Nobody can go back and start a new beginning, but anyone can start now and make a new ending.

時光無法倒流，但我們應該即刻啟程，迎向曙光！

2012-06-26
05:46

351

外勤不做單幹嘛做外勤；外勤主管不做單，愧為領導者！

要永遠記得我們是流著貴族血統的人壽保險推銷員！

◎除非你想成為一流，否則永遠只是二流；
除非你想成為贏家，否則永遠只是輸家；
除非你身先士卒，否則永遠算不得英雄好漢！

2012-06-28
00:15

功夫——千萬業務來自千萬努力

352

既然從事人壽保險，最根本的心態是你要認同我們的商品，最根本的行為是你要喜歡銷售，把客戶初始的拒絕轉為接納。幫助人透過商品解決人生旅途各項經濟財務上的難題！增員更是為了幫助年輕人擁有一份事業實現理想。

無論如何，我們都是在助人，助人為快樂之本，無論如何，我們都要快樂的從事人壽保險事業！祝福大家！

◎我們的工作將占掉人生的一大部分。唯一獲得滿足的方法就是，做你相信是偉大的工作，而唯一做偉大工作的方法就是愛你所做的事！

2012-06-28
13:17

353

【如果你收了一個大單，別忘了，再回去收一個大單】

「Jerry，上個月不是才繳了八萬美金給你，怎麼你又來了？」羅董先看著我擺在他桌上六萬美金的建議書，再緩慢抬起頭一臉不解，微透著抱怨。

「老大，您心裡明白，錢不是給我，是給你兒子。實話說，我也只能幫你處理冰山上的一角，至於你財富冰山下的那一大塊，我也無能為力啊。」

◎乘勝追擊！皮厚、腰軟、夠賴。

如果你能從熊的身上拔下一根毛，別忘了牠全身的毛。

2012-07-06
22:19

功夫——千萬業務來自千萬努力

354

Thucydides wrote that three things push men to fight: honor「榮譽」、fear「恐懼」、self-interest「利己」。

我們營銷員為何努力，團隊為何而戰，客戶又為何而簽約？恐懼和利己在天平的兩端，榮譽永遠是中間的支點。「得」的欲望和「失」的恐懼總是來回牽扯。人性如此，在歷史長河中不斷驗證，但最終，榮耀之心才是成功之鑰！

2012-07-08
20:38

355

【有不可思議的贏，卻沒有不可思議的輸】

三十歲的費德勒贏得個人第十七座大滿貫賽冠軍、第七座溫網冠軍與兩百八十六週球王，都追平美傳奇名將山普拉斯。費德勒粉碎墨瑞首座大滿貫賽冠軍夢，能在中央球場再捧起冠軍獎杯，真的很不可思議。

贏必有方，輸必有因；贏或偶然，輸則必然。恭喜費帥！

◎這世上從來沒有隨隨便便成功；當然也沒有人隨隨便便失敗！

2012-07-09
09:11

356

最可怕的不是客戶的拒絕，而是客戶不拒絕你，無視你的存在；最可怕的不是行動，而是漫無目標的行動；最可怕的不是銷售，而是銷售時沒有成交的決心；最可怕的不是競賽，而是參與競賽連續得獎的堅持。如果我們「相信」產品、「相信」公司、「相信」人類的愛與責任、「相信」人壽保險是偉大的事業，我們從此何懼之有？

2012-07-11
22:43

功夫——千萬業務來自千萬努力

寧可白做，不可不做；
寧可多做，不可少做！

357

【難在一輩子的承諾】

我們這個行業最困難的是開發客戶，這一點都不難，只要你勇氣十足！最困難的是應對進退，這一點都不難，只要你洞悉人性；最困難的是反對處理，這一點都不難，只要你展現專業；最困難的是要求成交，這一點也不難，只要你明白「要」就得「求」。其實一點都不難，難在你是否真心要在這個行業幹一輩子。

因為我們既然選擇了路的開頭，就應該已選擇了路的盡頭！唯其如此，我們才能好好開發客戶，耐心解說釋疑，全力爭取成交，用心經營客戶，愛心發展團隊。唯其如此，我們也才能步履從容、氣定神閒，享受人壽保險事業帶給人們的安詳與帶給我們的快樂。

2012-07-13
22:41

358

【人在產品前面】

做業務，不見得會富有；不做業務，連富有的機會都沒有！前者的真諦是你必須做對業務，所有「產品在人前面」的業務都不可能致富！道理很簡單，人家是要買那個產品，後面的經手人（產品說明員、價格比較員、送貨員），豈能自稱做業務？既然關鍵性不高，既然產品銷售的重點不在你身上，你如何期待有高收入？

2012-07-15
22:23

超越自己，證明你是一個有能力肯挑戰目標的人，這是「成就動機」；幫助他人，代表你是一個充滿愛心有價值的人，這是「社會公義」。我們這個行業，透過實踐大我的社會公義去完成小我的成就動機，豈不快哉！

2012-07-16
21:15

功夫──千萬業務來自千萬努力

客戶本來不買，拜訪、拜訪、拜訪。
「不、不、不、不」，最後也就「要」了！

360

當我還是業務新鮮人時，陌生拜訪一家大公司，當時競標者有各壽險公司的高級主管、經理、協理、副總等等。當時的決策者仔細端詳我的名片。

「咦！林裕盛，你是業務代表？」

「報告老闆，沒錯，我是新人。但在我們公司，業務代表即代表業務。」

初出茅廬、藝高人膽大的新人掙得了一半的業績，當時的決策者成為今日上市公司的大老闆，他大膽下注；而我沒辜負他的期望，在這個行業信守一生。

2012-07-17
18:58

361

【區分購買的正當理由（理智）和採取行動的真正原因（情感）】

這個行業令人洩氣的不是客戶的拒絕，而是頻頻點頭看似即將成交的客戶卻遲遲不簽約。沒有付出沒有業績沒話可說，付出努力績效不彰卻是業務員的最大殺手！本來嘛，九十％的成交動機來自於十％的關鍵因素，你該細細思量：客戶為什麼要「現在」跟「你」買？掌握客戶的情緒波動、感情支持，就是那百分之十成交的關鍵因素。

金藤盤樹迴響：「盛哥說得好！說到吃苦，我們這行業有什麼苦，每天工作不就是穿戴整齊掛著微笑找人聊天罷了，她每拒絕一次你就再多跑一次，當我們跑到不好意思再去時，也就是客戶不好意思不買的時候了！當你不好意思就是百花盛開之時！」

2012-07-17
22:15

功夫——千萬業務來自千萬努力

362

世上所有偉大的成就都起始於一個簡單的意念。希臘物理學家阿基米德說：「給我一個支點，我就可以舉起整個地球。」這個意念與支點，對推銷員來說就是「我要，我可以！」為什麼每次的競賽總是分成兩個部隊：台下鼓掌部隊與台上職業得獎人。我們都不是為平庸來到這個世界的，先在台下拍紅雙掌，然後奮力步上屬於你的舞台！

◎新人：一，先擠入榮譽的殿堂；二，在自己的名字後面加上最多的桂冠。

要深刻明白，不在競賽中得獎，怎麼證明我們的努力與優秀？我們不是為了做好一個平庸的觀眾來到這個世界的，今天在台下拍紅了手掌，是為了明天站在舞台中央。奮鬥再奮鬥！

2012-07-18
22:26

363

士氣與激勵是領導者的壓軸好戲。領導者若無法激發團隊，幫助部屬成功，便說不上什麼豐功偉業！

2012-07-20
22:15

364

理財五部曲是：重財、增財、理財、用財、留財。有錢人都是重視金錢的人，他們在用財時思索的是這筆錢出去，是「消費」、「投資」，還是「浪費」？消費不可免，關鍵在於「克制浪費轉為投資」，把原本「即將失去」的變成「可創造未來」的金錢！用財理財得當，方可增財。下回掏腰包時，仔細思量略踩煞車，賺錢不易啊！

2012-07-20
23:33

功夫——千萬業務來自千萬努力

別人怎麼看待我們是一回事，
我們怎麼看待自己就是關鍵了。

365

【投資型消費】

買一支好的手錶是投資還是消費？一個好的公事包、一支好筆、一套高品質的西裝，甚至是一部好車，都是消費，但我把這些賦予一個「投資型消費」的名詞。道理很簡單，這些支出可以提升我們的形象於無形，對銷售與增員呈現無聲的力量，更帶來「未來的利益」！消費前仔細思考這是「浪費」、「純消費」，或是「投資型消費」？

◎寧波平安陳君總會長說得好：「越花越有錢！」

2012-07-21
22:11

366

【思考致勝】

從前看高球教學：用「腳」打球，不要用「手」打球，當時似懂非懂。最近又看一篇文章，用「轉」而不是「揮」，慢慢貫通。

有的行業不用解說產品就能成交，如麥當勞，有的行業解說產品就能成交，如汽車業；我們這個行業解說了產品還不能成交！為什麼？收入當然跟成交難易成正比，不是不能做，而是你沒想通如何做！

思考關鍵點：一，網球的關鍵？保發與破發；二，高球的關鍵？開球與推桿；三，我們的關鍵？開發新客戶，維繫老客戶。做人第一，攻心為上。

2012-07-22
22:15

367

【買保險是提升生活品質，我相信了】

江西省委常委、宣傳部長姚亞平說：「聽說中國人八十%的醫療費用都花在生命的最後一週搶救上，還多數是徒勞的，且為了積攢這最後一週的醫療費，八十%的人一輩子不敢吃穿、不敢隨便進醫院。」為什麼不動用二十%的錢購買醫療（重疾）險，而讓八十%銀行裡的存款解套去豐富你的生活？瞭解保險、善用保險實是人生當務之急！

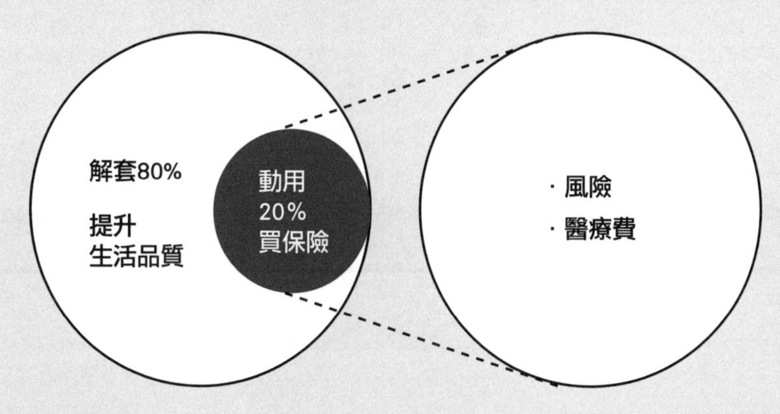

2012-07-23
23:36

368

【用心對待客戶】

送給傅姐的咖啡杯，沒想到她開心的po上臉書。和客戶聊天，態度輕鬆神經緊張，不能錯過任何川流而過不經意的小細節。

「你平常蒐集什麼寶貝呢？」

「也沒什麼特別收藏，有型的咖啡杯我倒是很喜歡。」

「哦，」一個輕聲的哦字讓我找遍了三家百貨公司九條街，最後在一個小巷弄專營代理精品的小店內總算如願！

◎細處顯真功，只怕有心人。記著，攻心為上。

旅行最重要的不只是看風景，而是和你一起看風景的人。回憶這輩子最快樂的旅行，是誰相伴？……

2012-07-27
22:55

369

【《舞孃俱樂部》（Burlesque）】

好棒的一部電影，聲光娛樂一流，還勵志一流！

「給我一個機會……我就不相信沒人給過你機會嗎？」只要有實力，機會一來，終究能飛上枝頭變鳳凰。

金子雖埋沒在沙子裡，終會發光！

的確，整部電影充滿正能量。可以在團隊進修會時一起觀賞：一起歡笑，一起學習，一起成長。一，女主角的力爭上游；二，女老闆的永保樂觀絕不放棄；三，同事之間的良性競合（知錯能改善莫大焉）；四，考驗過的愛情更堅韌；五，常存感恩之心不可過河拆橋；六，主管有難要共體時艱。歌舞片多，很少這麼多元勵志；勵志片多，很少這麼寓教於樂！

◎真正的領導要做真正的高手，摘葉飛花皆可制敵。能於生活細微處看出大道理。看書是，看電影亦然！

2012-07-28
21:23

370

你要鼓舞自己，生命最偉大的光輝，不在永不墜落，而在墜落後能夠重新升起。你也可以激勵自己，生命最偉大的光輝，就在永不墜落！在我們這個行業，要懂得一鼓作氣，何必載浮載沉呢？

2012-07-29
00:29

371

【注意用辭】

節稅是合於法律規定，逃稅明擺著違法，避稅是鑽法律漏洞。我們這個行業光明磊落，我們的產品正大光明，用「分散」取代「規避」風險，風險不可預知如何規避？只能集眾人之力分散。和高資產客戶會談，尤其要注意遣詞用句，他們有眾多的法律稅法會計顧問可諮詢，我們一個疏忽，最後可能全盤皆輸而不自知。

2012-07-29
21:53

372

【比較誰會做人】

客戶很喜歡放個煙幕彈給我們：「我再跟其他家的產品比較看看。」然後我們就一頭栽進產品比較的圈套不可自拔，比完了這家還有那家，比完了那家還有他家。最後，永遠進不了成交的大宅門！其實我們都明白，產品大同小異，用同樣的死亡率、預定利率，頂多預定費用率有點小差異。到底客戶在比較什麼呢？

◎如果客戶信任你，即便你提供的計劃客戶不是很喜歡，他也會把心裡真實的想法告訴你。做人成功，贏得信任，銷售變得很簡單。

◎做事先做人。感覺對了，產品不重要；感覺不對，一切都白費！

2012-07-30
23:00

373

有些人說保險的商品很複雜，我倒不以為然。費率表、理賠、滿期，人家精算師都幫你算得好好的。再說，人壽保險商品再怎麼包裝、再怎麼翻來覆去，不也就是要解決「走早了家人沒錢，晚走了自己沒錢，住院了四處借錢」這三件尷尬的人生錢事嗎？**產品不難，難在掌握自己的決心與勤奮；產品不難，難在掌握客戶的人性轉折。**

2012-07-31
22:25

@千萬要成功

沒有雖敗猶榮這回事，
平常心是用來面對失敗，不是用來追求成功的！

374

別再怪天氣不好、交通不好、公司不好、產品不好、主管同事不好、座位不好……其實你心裡明白，只有你不夠好。勵行卓越方程式：「5×5×4＋1」，將勤奮進行到底吧！

◎身段軟一些，貴人多一些。

◎水低成海，人低成王。看看世上所有成功者的謙遜，蹲下，是為了將來跳得更高！

◎業務員的能力是被客戶「折磨」出來的！刀要石磨，人要事磨，業務員要客戶磨，主管要屬下磨。肯磨才能亮啊！

2012-08-01
19:24

功夫——千萬業務來自千萬努力

375

【收入和身段】

有些人倡議我們這個行業要提升到「顧問式行銷」，想要賺錢又要擺高姿態，真是匪夷所思——「你很懂、講的都對，但我就是不願跟你買！」

專業交給公司，我們呈現的是敬業的服務和謙卑的人品。仔細想想，公司為什麼要給你高收入，因為很多人放不下身段。**專業不單指產品知識，能放下身段成交回來才是真正的專業。**

2012-08-01
23:45

376

【勇於面對】

越是偉大的真理越簡單，沒有多餘的公式，沒有繁文縟節；銷售的真理簡單到——我只是走出去，推門而入，和客戶面對面，並坦然接受席捲而來的拒絕或抱怨的狂風驟雨。

拒絕是因為我們還沒有通過考驗，抱怨是因為我們輕忽了服務。**新人怕拒絕，老人怕抱怨，訂單，其實就在兩者之後。**

莫辜負了客戶的託付。

2012-08-06
23:30

377

為什麼Top sales老是那幾個人？為什麼他們每年都有那麼高的業績？原因很簡單：一，歷經萬般艱辛，他們贏得了客戶的信任；二，提供加值服務，七十%的新業績來自於老客戶的重複購買與推薦購買；三，他們的失敗次數比誰都多，他們從不氣餒，也不輕易言敗；四，廣結善緣，從人緣到人際；五，他們參與競賽重視榮譽；六，明白青雲有路學習是梯；七，他們的腳步輕盈行動敏捷，只有拚出來的美麗，而沒有等出來的輝煌。做享其成而非坐享其懲。

2012-08-07
21:10

功夫——千萬業務來自千萬努力

狂傲，來自對行業的認同；
堅持，來自對榮耀的永不妥協。

378

No need, no sales; no sales, no civilization.

人間正道是滄桑，人間王道是業務。你做業務，不見得會富有；不做業務，連富有的機會都沒有。

◎業務員這行飯，肯做就餓不死；嚥得下，就有好前途！

2012-08-08
19:17

379

推銷在積累對方的人情壓力，增員在累積對方的inside power！善用你的投資型消費，向成功狂奔而去！

◎投資在自己身上的儀表、配備、知識……進而一部好車。增員在於成功吸引成攻，總要有吸引人的東西，若看起來一窮二白，人家是來追隨你貧窮的嗎？

2012-08-08
19:23

林裕盛

380

【坐以待斃】

「下午不出去啊？」

「晚上才有約。」

「最好是出去走走，下雨天客戶也懶得出門，我們去剛好逮個正著。」

然後我傍晚回來，他還在打電腦。新人總是喜歡在辦公室磨菇、打電話、製作建議書、摸電腦、做文書資料、看報紙、吃便當、趴在桌上打盹……什麼事都做了，就是不願意去見客戶。這樣子的營銷員真是忘了我是誰，只能坐以待斃啊！

◎業務員必須自我要求、自我逼迫、自我管理、自我驅策的能力，也就是不用揚鞭自奮蹄的道理！

2012-08-09
22:15

381

【其實也可以坐以待幣】

保險從業人員財富的累積得先從「正比」著手，工時越長訂單越多收入越高；等金錢積累到一定程度後，必須懂得切入「反比」，擇定標的物，不用花時間，財富自然增加！就長期而言，債券指數的價值，通常朝正向增長。固定收益商品的優勢是：「獲利不只來自配息，還有價格上漲的潛力」。

2012-08-10
23:39

382

部分營銷員的理財知識太貧乏，也因為如此，和高資產客戶言語無味相談不歡。不要以為只懂得保險就可以致富了！要瞭解固定收益產品帶給我們的複利效果，股票要收益，買賣時間點很重要；而固定收益則否，隨時進入都是往上走，只是賺多賺少的差別。大家要多學習理財知識與增財產品，避免練武不練功，到老一場空。

2012-08-11
00:03

383

不要理所當然的認為客戶一定會跟你買！每個人都需要保險替他做的事，每張保單都有它賦予的個別任務，因此，保險的意義功能是無庸置疑的！但這只是可以購買的理由「之一」，關鍵的成交因素在哪裡？你有什麼原因值得客戶「一定要現在」跟你完成交易呢？仔細思索，答案只有三個：一是交情，二是交情，第三個還是交情。

2012-08-11
22:19

384

交情的前提是「信任」和「喜歡」，隱藏因子是「你看起來會成功的樣子」。除了保單，你還能提供其他服務。陌生開發的客戶，我們當然要花一段時間推銷自己並建立交情，原來熟識的緣故，就看你在那個圈子的風評了。所以，做保險就是做人。做人失敗，成功是一時的；做人成功，失敗也是一時的！

2012-08-11
22:45

功夫——千萬業務來自千萬努力

385

成交的祕訣只有一個：「先順著客戶的感覺走；再將客戶的感覺拉回來跟著你走。」什麼叫順著客戶的感覺走，就是聊客戶喜歡的話題！日本推銷大王原一平的「輪盤話術」不就是這個道理嗎？不斷的變換話題直到準客戶的眼睛發亮為止。所謂「千年知己唯你一人」，他開心，爽了，接下來聊你的事他才有勁嘛！記著，讓客戶喜歡跟你聊天。

2012-08-13
22:33

386

試想，一早有兩個推銷員進來，一個老是談斷一隻手、斷一隻腳能理賠多少，甚至頭斷了賠多少，乃至於怎麼樣會得什麼癌；另一個推銷員進來，聊客戶最近投資了些什麼，賺了多少錢，並恭喜他眼光獨到、財運亨通。哪一個推銷員比較受歡迎呢？

2012-08-13
22:47

387

有經驗的推銷員都同意一句話：「做生意靠膽子！」也就是自信的重要性。自信有兩層意義，不能未戰先敗，顯得軟弱；也不可不在乎的過分自信。自信代表不動搖的決心，來自對自我敬業與產品的肯定，相信自己一定能使準客戶成為我們的主顧。記得微笑讚美，這種態度可以形成一道電波，讓他們最終接受我們的意念和產品。

2012-08-14
22:26

388

當我們推開準客戶的那扇門，表明身分後，客戶講出的第一句話就是請我們摸摸鼻子走人。也就是說，他發出的第一球就想擊倒你。也許因為你是不速之客（陌拜）；也許他正忙（他壓根兒對保險沒興趣，永遠很忙），不想浪費一丁點時間在我們身上。這個時候，別忘了深吸一口氣，告訴自己：「我豈可如此輕易被打發！」讓自信登場吧！

2012-08-14
22:54

功夫——千萬業務來自千萬努力

389

【失敗為成功之母，成功更為失敗之母】

過去的成就不代表你從此一帆風順，更可能成為你未來的絆腳石！客戶總是對我說：「唉呀，你已經這麼傑出了，還需要什麼業績？」「你都帶那麼多人了，幹嘛還出來跑業務？」還好我腦袋清醒，永遠以推銷員為榮！不管你晉升到什麼職位，不要忘了我們血液流淌著「業務代表」的貴族血統！

2012-08-16
23:25

390

業務代表（sales representative）代表業務！在客戶面前，我們永遠單純到只是一位「人壽保險推銷員」。什麼主任襄理經理、會長主席……任何加諸於它的名號都是多餘的；也不會讓銷售變得更加容易。天大地大，日夜穿梭街頭巷尾、不辭辛勞的業務員最大！我們要永永遠遠扛著「業務代表」這顆星星在肩上閃爍，並以它為榮！

2012-08-16
23:45

391

傍晚回公司，翻開剛收到新一期的《商業周刊》，創辦人金惟純先生每週專欄「不求人？」映入眼簾，印證了我一直以來強調的求人兵法：萬事不求人是自誇的大話；事事皆求人是無可奈何的現實！求人有三個層次：為自己的需要求人，為別人的需要求人，為別人的成功求人。無一不連結到我們這個行業，成功不求人，痴人說夢吧！

2012-08-17
21:59

功夫——千萬業務來自千萬努力

有你們英雄同路，我不得不下千萬功夫！

392

掌握求人的基本態度：積極的求、愉快的求、有禮貌的求、有所期待的求。請求客戶給我們面談的機會、告訴我們不買的真正理由、給我們正確的資訊、幫我們介紹客戶……牢牢記住，我們是為了救人去求人，求人讓我們更高尚！求人時我滿心感激；也喜歡讓人求，幫助別人。鍛鍊求人兵法成為你的核心競爭力吧！

◎能不能求人，先過自己這一關！

◎肯求人，善求人，廣求人，求對人。

◎為最好的別人，做最好的自己。借力使力少費力，借人之智成就自己！

2012-08-17
22:14

393

在紅花鐵板燒的樓下守了一個月，老闆於心不忍，終於把我叫上去。

「裕盛啊，不要談保險啦，今天我請你吃飯！」

我低著頭嘩啦啦的猛吃。

老闆端起紅酒說：「帥哥，你倒說說，這保險哪裡划得來？」

「划不來。」

他哈哈大笑：「那，這保險哪裡好？」

「這保險沒什麼好，也沒什麼不好。跟你同樣身價問了同樣問題的人都買了，重點是你買得起啊！」

「張董，像您賺這麼多錢，這麼成功的人，覺得世上什麼事最快樂？」

「說下去。」

「我粗淺以為助人最樂，花錢最樂。您看，簽了這張單，您有了花錢的行為卻沒有花錢的事實，錢到我們公司繞一圈又回到您手上，不是增值了至少也保值；同時還幫助了那些共同買保險的人獲得理賠，更提拔了站在您面前的這個年輕人！」

老闆聽了開心的笑了。

◎直接了當，單純銷售！永遠給客戶一個購買的理由。

2012-08-18
22:13

功夫——千萬業務來自千萬努力

394

準客戶都會問這一句：「買保險到底划不划得來？」當然划不來！你想仔細，若你們划得來，保險公司豈不划不來？人家是商業行為，怎能虧損倒閉?!「那幹嘛買保險？」問得好。為了吃虧！現在付出保費犧牲一點點利息的差距，吃點小虧解決將來年老吃飯（養老金）和生病住院吃藥（醫藥費）兩大難題！

2012-08-18
22:43

395

探究「好不容易約到大人物，談了一次，卻再也約訪不到」的情況。

你第一次跟他談些什麼？

「就是話家常，他的公司和興趣……」

「有沒有提到保險？」

「我還沒準備好，想留到下一次，誰知道……」

請明白，大公司的大人物有那麼多時間和你閒聊嗎？他們的行程滿檔，不好好利用第一次面談切入重點，再約就難了。給你機會，你卻言不及義。

2012-08-25
22:56

396

事先準備不足——缺乏心理素質和專業素養，導致面對大人物時少了亮劍的膽識，等到摸到邊時，下一個約訪已到，客戶起身送客，錯失了寶貴的推銷機會。改進要 點在於重新聚焦自我的角色，事前做足功課、瞭解準客戶的真正需求，掌握時間直接或盡快切入主題，才能讓日理萬機的大人物眼睛一亮，如雲端隙縫中透出的一線陽光！

2012-08-25
23:28

397

【瘋狂高爾夫】

人生就像打高爾夫四要訣，才能完善一擊：一，站姿，選擇正確的方向，才不會誤入歧途；二，握桿，把握每一個機會，根據現實狀況強弱勢握桿；三，平衡，對於工作生活及人際關係得適度平衡，活得遊刃有餘；四，揮桿，生活和工作必須保持良好心態，有節奏的生活和工作。下定決心找個教練開始高球人生，別再蹉跎歲月場邊羨慕了。

2012-08-26
22:41

功夫——千萬業務來自千萬努力

398

【管理學上對於目標最經典的八個步驟】

一，列出目標，盡可能描述清楚；二，列出達成目標對你的好處；三，列出主要障礙；四，研究達成目標所需的知識技巧；五，找出必須合作的個人或團隊；六，擬定明確的行動計劃；七，設定切實達成的時間；八，進度追蹤與自我激勵的座右銘。你必須堅信，你可以打贏這場仗！除非完成目標，否則一切俱屬空談。

2012-08-27
21:34

399

我們和目標之間，總是橫亙著無數的困難和阻隔，如此接近又如此遙遠，你必須堅信，你可以打贏這場仗！因為，除非我們完成目標，否則一切俱屬空談！建立一堵連續的榮譽之牆！每一顆閃亮鑽石的背後，都有不為人知的切割磨礪；每一個掌聲的背後，也都有不為人知的淚水和辛酸。你不孤獨，我們共同走過。

2012-08-27
22:02

林裕盛

400

三十載光陰倏忽而過。下午在國際會議中心「南山人壽一〇一年高峰菁英頒獎大典」上，獲頒連續三十年高峰獎，如雷的掌聲差點讓我熱淚盈眶（現場有三千人）。

「裕盛啊，不容易啊！」

徐總拍拍我的肩。獎杯在歡笑中傳承，榮譽在淚水間打轉。是不容易啊！

羅素自傳前言寫著：「支配我一生的，是三種單純而炙熱的激情：對愛情的渴望，對知識的追求，以及對人類苦難難以言喻的同情。」

在人生路上，失去激情，我們如何面對千萬種挑戰？在保險路上，失去熱情，缺乏對客戶面對未知風險的設身處地，我們又如何勇闖難關？三十年夙夜匪懈呼嘯而過，永保初入行的激情繼續前行，謝謝大家。

2012-08-30
06:47

功夫——千萬業務來自千萬努力

如果獅子堅持當叢林之王，
我們更沒有理由忘記我們是業務之王！

401

【自我調適的能力】

你如何去調適成交時，客戶那種「中國式捧場」的眼神？你如何去調適當你一再的去拜訪，客戶卻適時避不見面的難堪呢？你始終懷疑，到底要不要「逼」客戶購買呢？這所有問題，都歸結到兩個核心的價值認定：一，你到底對人壽保險這個產品瞭解到什麼程度；二，你對人壽保險推銷員這個角色認同到什麼程度。

◎在客戶的拒絕中穿梭（在拒絕的槍林彈雨中匍匐前進），擦乾眼淚，在不認同中成長，振臂高呼：我是偉大的人壽保險推銷員。

2012-08-31
23:36

402

我們必得先肯定產品，認同公司沒有一種保單是不好的，並以自我角色為榮！消防隊員抵達火場，火勢越大他動作越快，當你明白了箇中的道理，面對越難纏的客戶，加快的腳步是面向他還是向後轉？不單是新人，角色認同的問題在壽險生涯中會不時的困擾著我們，一旦校正完畢，其他似是而非的難題，都會迎刃而解、煙消雲散。

2012-09-01
00:03

功夫——千萬業務來自千萬努力

進入保險業，
只有成功的機會，沒有失敗的成本。

403

不要以為有錢人都不買醫療險！講投資理財，有錢人肯定比一般人內行，否則他怎麼積聚成今日的財富？低回報率的儲蓄險他當然看不上眼。「雞蛋千萬不要同鑽石一起跳舞」，為什麼不回到我們的拿手好戲呢？您在路上被打劫過嗎？沒有！如果被搶個幾百塊心不心疼？當然心疼！那，為什麼給醫院搶去龐大的醫療費，您無動於衷呢？

◎沒有重疾住院經驗的人往往不知醫療費用的龐大，它像個貪得無厭的怪獸，吃掉了我們一生辛苦積聚的積蓄。不買足額的醫療險，又何必存錢呢？一輩子只是替醫院打工而已！

◎罹難重疾或許無法避免，但經濟上二次罹難絕對是人禍，不可原諒！

2012-09-01
22:53

404

【Acknowlegement】

真正的富有，是幸福而不是財富。真正的貧窮，是無知而不是無錢。真正的保險是保障而不是回報。真正的關愛是不論在或不在時的承擔。

人壽保險推銷員真正的成就，不只在於commission的多寡；更在於mission的完成！

認知（Ackonwledgement），如果再加上Appearance（儀表），Aggressive（無懈可擊的進取心），Action（建設性行動力），就成了你壽險事業成功的四張王牌！

2012-09-02
22:08

功夫——千萬業務來自千萬努力

405

世上所有的頂尖高手，都和我們一樣遭遇相同或更大的難題，並為此深受打擊、瀕臨絕望，只是，他們往往能從失敗的深淵攀爬出來。平凡的人堅持一下子，優秀的人堅持一陣子，卓越的人堅持一輩子。王者歸來，貴在「給客戶和自己的」承諾。一時的拒絕失意，在追逐理想的漫漫長河中，又算得了什麼？夥伴們，加油！

「我可以接受失敗，但絕對不能接受自己未曾奮鬥過！」

——籃球大帝麥可．喬丹

做銷售時我從來沒想過失敗二字，有的只是難纏與尚未成交的準客戶。我們沒有時間沉溺在一時的挫折裡，每個月的目標是如此的明確。喬丹是籃球大帝，獅子是叢林之王，就像獅子從不會因為捕獵困難就放棄捕獵，如果牠堅持當叢林之王，我們更沒有理由忘記我們是業務之王！

2012-09-04
01:04

406

【銷售其實很簡單】

「你會什麼？」

「我會拜訪客戶、會規劃建議書、會解說產品……」

「抱歉，這些都和成交無關。」

你不會什麼？最害怕什麼？銷售不過是人感動人，銷售不過是人溫暖人，銷售不過是人取悅人，銷售不過是人幫助人，銷售不過是人相信人，銷售不過是人恭維人，銷售不過是人求人。銷售最難是人和人的互動，產品只是媒介。

◎銷售是通往夢想的最佳途徑之一！

蘋果創辦人賈伯斯、微軟公司創辦人比爾．蓋茲、美國總統歐巴馬都是頂尖的行銷高手，畏懼銷售，阻絕了夢想的實現，更阻絕了翻身之道。

2012-09-05
19:25

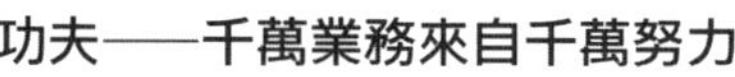

407

【勇氣上路】

上路前，遠眺處盡是理想，上路後，看到的都是挑戰；但如果我們永遠弓在凹洞裏足不前，再大的理想也會灰飛煙滅，還有什麼權利抱怨「貧窮」二字？大多數人也許無法贏在起跑點（先知先覺），至少得贏在轉折點（後知後覺），挑戰談不上失敗，年輕人又有什麼好輸的？除了積極與熱情，我們還擁有什麼？帶著你的勇氣上路吧！

2012-09-07
01:02

408

星期六傍晚的增員面談。

別人工作你工作，頂多打成平手；別人休息逛街、看電影、拍拖時你還在工作，才有可能勝出！成功的代價是犧牲A來換取B的問題。中國人的聰明才智其實差距不大，得明白關鍵的「勤奮度」才會拉開距離。光是努力還不夠，做一個「最」努力的人吧！

2012-09-08
22:13

409

祝福新人，年輕是最寶貴的財富，但成就的根源在於選擇，有慧根才會跟，腦子決定位子，位子決定銀子，銀子則決定了對家人、整個社會的貢獻度！年輕人不能怕談錢，傾全力循正道，創造財富才是你的本分。

2012-09-08
22:47

410

【快樂來自推銷，幸福來自育才】

一早總公司到永豐營業處來採訪，拍了早會並做了數個績優同仁專訪錄影。

「什麼是快樂幸福的壽險事業？」

能夠把一張張保單賣出去，幫助客戶免於疾病意外帶來家庭經濟的憂患，把一個個志氣飛揚的年輕人渡進來，磨礪精進，走上永續經營的壽險事業，就是最幸福快樂的工作成就感了。

2012-09-10
16:42

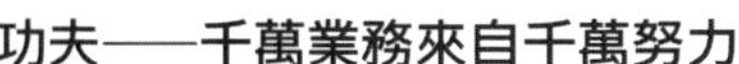

功夫——千萬業務來自千萬努力

411 【「馬」上成功】

很多人增員時喜歡說我是伯樂，正在尋找千里馬。事實上每個人都是伯樂，都在尋尋覓覓「事業」這匹千里馬。努力不一定會成功，但不努力絕不會成功。換工作就不用了，創業則需及時！有慧根才會跟，腦子決定位子，位子則決定一輩子的成就。

2012-09-15
21:10

412 【用心經營客戶】

這是課堂上不會教的，頂尖高手不願傳授的送禮絕學。給客戶的禮物要用心挑選，不必貴重，卻要投其所好，攻心為上！經由多次聊天不著痕跡的探索資訊。銷售其實很簡單，銷售不過是人感動人，銷售不過是人溫暖人，銷售不過是人取悅人。最後，客戶不過是用簽單來回報你這份用心，不是嗎？

2012-09-16
21:38

413

【邏輯加感情等於成交】

邏輯已是必然。

Your greatest asset is your income earning power, which will subject to three disasters:die too soon, living too long, become totally disability!

產品的需求是邏輯，是硬功夫；用心經營是感性，是軟功夫。

成交在於軟硬兼施！

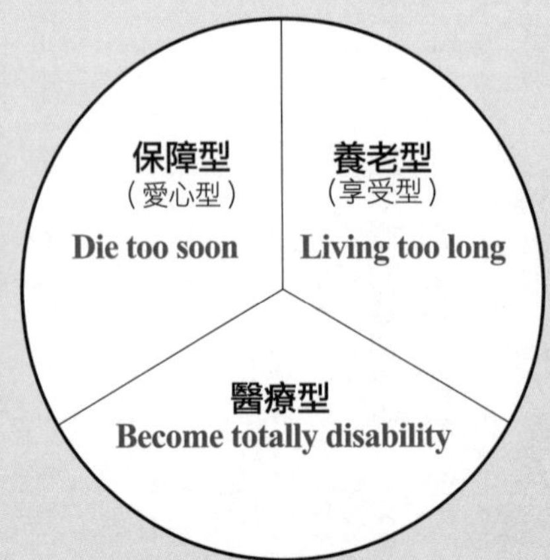

2012-09-16
22:18

414

會賺錢是徒弟，會存錢才是師父。您已經夠有錢了，安全才是您的first priority!我的工作或許不能讓您變得更富裕，但能確保你的財富，只是幫您把辛苦掙來存下的錢放對地方，不會讓您有一天一夜醒來，突然變貧窮！

◎增財三步：賺錢→存錢→存對地方。

2012-09-17
23:41

415

有錢人其實不怎麼花錢，他們賺錢容易，但花錢難，因為滿足感太低了。有錢人想買的東西都是用錢買不到的，譬如時間、壽命等，他們戴過百萬名錶最終回到千元電子錶，因為兩者的時間是一樣的。如果一天能變成四十八小時，有錢人花再多錢都願意！最終回到人都會走、卻什麼都帶不走的覺悟，願意傳承與受人感念，我們的機會也就來了。

◎要做有錢人的生意，必須洞悉他們的思維和對錢的看法。但儘管他們多有錢，終究還是人，同樣面對時間的急迫感。年輕人有的是時間，老年人時日無多，你需要時間，你就需要人壽保險。

2012-09-18
22:55

416

「董事長，其實沒有人能真正擁有金錢，每個人只是在短暫的過程裡行使管理和支配之權，人都會走卻什麼都帶不走，您可以透過這張保單安全的傳遞愛心，並提拔站在您面前的這位年輕人。一旦他感受到您的情真意切，我們的機會也在於此。」

2012-09-20
21:26

417

羅伯特．佛洛斯特（Robert Frost）的詩：「堅固的籬笆，帶來和睦的鄰居。」人與人之間保持距離，權利義務規範清楚，情誼才會敦厚。這句話很值得深思，分享給大家。

2012-09-22
12:50

功夫——千萬業務來自千萬努力

推第一扇門很困難，推第二扇門很恐懼，
「我只是走進去」，把想像的可怕堵在門外……

418

【步步驚心的朱家尖藍灣高球會】

此生必打的Bluebay Golf Resort，位於舟山朱家尖的山頂，極目海天一色的大自然風光不用多說，每一洞的桿桿驚心更是前所未見。沒有親臨現場是無法體會的，可惜暫未對外開放，真的感謝張總的帶引，開了眼界。

張總是我寧波客戶陳董的好朋友，陳董不打球，每次都善解人意地央著張總帶我去球場，寧波東方、啟新都有張總和我的笑聲記憶，感情再熟一點，簽保單的日子也就近了！

2012-09-22
18:03

林裕盛

419

【下決心為自己的懶惰下手吧！】

中國近代政治家、軍事家曾國藩，一生最強調的就是「治懶」。「百種弊病，皆從懶生。懶則弛緩，弛緩則治人不嚴，而趣功不敏。一處遲則百處懈矣。」意即一，必須按計劃做事，一件拖下來就和另一件撞車；二，必須每天總結今天的事情。

戒懶貴在好習慣的養成：每天從營管處上班嚴格執行拜訪，從營管處下班總結一天得失的習慣。

2012-09-23
13:46

420

【給自己一個奮鬥的理由】

每個人都想盤據山頂，享受睥睨群雄、我自為尊的氣概，殊不知所有的快樂和成長，盡在登頂的過程。在我們這個行業，沒有什麼人可以高人一等，所以更不必妄自菲薄；大家只是先來後到、前仆後繼的為客戶的經濟屏障做最大的努力與貢獻！熱愛我們的工作、全力去實踐，不求利而利自來，不枉人生一場。

2012-09-24
22:10

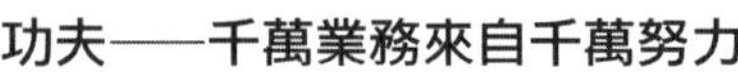

功夫——千萬業務來自千萬努力

421

【行有不得，反求諸己】

三流業務，怪大環境差，怪公司產品，怪同行競爭，怪同事不友善，怪客戶不支持；二流業務，一邊怪公司一邊怪客戶；一流業務，只怪自己努力不夠。

一，一流業務不是不會犯錯，但他總是不二過；二，一流業務不是不會疲累，但他總是持續前進；三，一流業務不是沒有情緒，但他總是自我調適心情。

◎【為自己奔跑】

每一次心碎，每一次揮淚奔跑，都使你強大。當你強大了，你才會克服更強大的困難；當你變好，你才會配得起更好！（陳君）

2012-09-26
23:44

422

【新手的困境，老鳥的傲慢】

壽險的銷售和其他行業的行銷有其共通與差異性。所謂新人並不只是年輕人，涵蓋了轉行到我們這個行業的老鳥推銷員，而這些人最大的問題在於無法適應其間的差異性，不肯放下身段空杯學習！**建議淨空原來所學、沉澱自我，好讓新的技巧觀念專業進來**，豐富你的新生命，才能創造出新的領域與成果。

2012-10-01
23:03

423

【成功看得見，態度是關鍵】

偉大的成功與成就都是在付出別人看不到或想像不到的努力之後累積而成的。你的態度是一把充滿魔力的鑰匙：我要堅忍不拔，兌現所有的承諾；我要成功，同時贏得所有尊重的眼神，我的生命已準備光彩奪目；我要開始領先，我要成為第一名，我要成為第二名以為是第一名的遙遙領先者！

2012-10-02
22:14

功夫——千萬業務來自千萬努力

424

【狠話十八招】

很多時候，增員最難處理的是「我對做保險沒興趣」。我是這樣回答他，「現在從事外勤的幾十萬大軍，哪一個是從小立志做保險的，哪一個又是因為興趣進來的？井底蛙從來不會對外頭的世界有興趣，牠始終以為周遭的狹小範圍就是整個世界。」年輕人創造更高的收入，提升對社會的貢獻度，才是興趣之所在。**狠話第一招：你是沒興趣還是沒自信？**

◎年輕人選擇行業，最先要看這個行業有沒有發展性，繼而是收益性和公益性。專心一志投入，爾後上手了，自然產生興趣，切勿本末倒置。

2012-10-04
22:13

425

所謂A咖的準增員對象必須具備一個前提和兩個基本條件：一，有金錢需求；二，看起來順眼和願意勤奮工作。等他明白保險的意義功能後，業績越好收入越高，對社會的貢獻度自然越高！易增員難輔導，難增員易輔導。團隊裡不盡然全是大魚，但必須具備小蝦養大魚的積極氛圍。

狠話第二招：你要在原來的行業幹一輩子嗎？

【今天就辭職吧】

老闆收到你的辭呈，會有兩種反應：一，立馬簽准。那你早就該走人了！二，加薪挽留。早就該加薪了！可見你對公司的貢獻度早已超過薪資，更應該走人！我們的制度是個真實的磅秤，精確反映你的努力付出該拿多少收入，誰也欺負不了誰！

◎公平不是每個人都賺一百元，公平是指你有賺一百元的能力拿一百元；有二十元的能力就只得二十元，這就是公平！問題出在於你付出一百元的辛勞卻只得到二十元的回報，真是如此，今天就辭職吧！

2012-10-05
22:12

功夫——千萬業務來自千萬努力

426

只有鑽石才能切割鑽石！還記得蘋果創辦人賈伯斯講過的話嗎？「A級人才不用管他的自尊心。」增員A咖也是如此，他們的心不易受傷也不會被摧毀，他只會仔細思索你講的話有沒有道理。買保單可以動之以情捧場了之，轉換工作攸關他一輩子的發展，慎重其事是必然。不要怕講狠話，物理學上的電子跳階，沒有足夠能量是做不到的！

2012-10-06
21:12

427

其實也不用什麼招呀式的，只是增員和銷售一模一樣，決戰在於「有力的辭句」，也就是撼動人心的話術。我們必須丟一些問題讓對方去思索，去午夜夢迴輾轉反側的糾結——「你要來，還不一定做得來。」這種種基於事實有力的辭句，才能撼動他原來僵化的思維！最後，心誠則靈，**面談時別忘了誠懇的態度，歡迎你加入偉大的團隊！**

2012-10-07
22:29

428

統帥球場最困難的(Index No.1)十一洞，par4，今天終於抓鳥完成！(四百三十碼2on，運氣好上坡十呎推桿居然進了，哈哈~~)

同時祝賀好兄弟王志勇（MDRT特訓營創辦人），前幾天在青島一桿進洞！

一再鼓勵大家進入高球世界，和做保險一樣，在場外，永遠只看到場內的困難而躊躇不前；誰知一旦落場，方始感受艱辛奮鬥過後的快樂！

2012-10-07
23:24

429

【三不可取】

壽險營銷與傳銷的差異，還沒見到哪個壽險大老能夠心平氣和地說清楚：一，壽險業沒有組織，一個人靠銷售即可致富（美國壽險業大師費德文、日本原一平等），傳銷業有聽過看過一個人靠傳銷致富的嗎？二，他們甚少直接銷售產品，直送、直拉！產品不過是發展組織的媒介；三，營造一個輕鬆致富的美夢，腐蝕了年輕人奮鬥的心！

2012-10-08
22:54

功夫——千萬業務來自千萬努力

430

【基本認知】

選擇進入保險外勤，我們最主要、最困難的工作就是賣保單，因為困難，才會得到公司願意付給我們的合理報酬。我們這麼辛苦是為了什麼，不就是為了正當求財嗎？至於保單帶給社會的意義無須贅述，你只要會銷售，將來一旦「願意」收徒，就會有直轄組織、進而發展為團隊。這個行業的價值在於我一個人就可以打出一片天！

2012-10-09
22:11

431

說起來，我們這個行業的苦真不足為外人道。不營人壽保險者，不知人情之冷暖，沒做過一天保險、沒賣過一張保單的外人，有什麼資格對我們說三道四？我們又何必在乎他人的言論。任何人都可以議論我們這個行業、拒絕任何一個人壽保險推銷員，但他如何處理「疾病不請自來、意外突如其來、養老必然而來」這人生三大風險呢？

2012-10-11
21:31

432

每到一個城市，最孤寂的就是這個時刻。

一根雪茄一疊講稿，世上沒有一件事是可以隨隨便便成功的，每一次台上的揮灑自如，是多少午夜的來回推演；每一次客戶面前的拉鋸，是多少案前運籌帷幄的思量；每一篇微博的發表，又是多少逐字推敲的用心。衷心謝謝昨日粉絲破萬，沾染莫言的偉大成就，我們小卒也能稱英雄。

◎寶劍鋒從磨礪出，梅花香自苦寒來。真的，世上沒有一件事可以隨隨便便成功，但世上也沒有一件事可以隨隨便便失敗。成功的背後總有不為人知的努力；失敗的背後，也肯定有不為人知的懶惰！

2012-10-13
00:46

功夫──千萬業務來自千萬努力

433

【經營最難】

推銷三部曲：開發加上經營，再加上要求成交。

如果是A介紹B，快火熱炒，很快就能成交；如果陌生開發或者AB之間只是點頭之交，換言之，A只提供名單，那之後你和BCD的情感堆疊，還是得讓我們付出萬般心力去經營。

掌握銷售是人感動人，人信任人，人取悅人，人提拔人……

要洞悉人性，展現專業，敬業誠懇到客戶願意下單為止。

2012-10-15
22:31

434

開發客戶像未知的探險，過程充滿艱辛與樂趣。一直到路的盡頭，我們才發覺，原來這才是彩虹的起點！

2012-10-15
23:50

435

陳君會長敬重倫理，更深具愛心，提拔後進總也不遺餘力！印證了做保險就是做人，好業績來自好人緣；好人緣來自心中有愛做人成功。學做保險先學做人吧！

2012-10-19
08:13

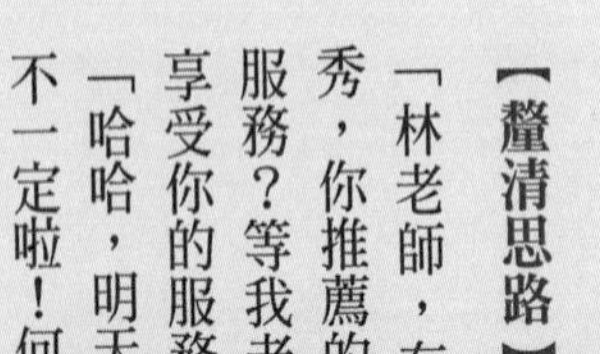

436

【釐清思路】

「林老師，有客戶問：『我只有二十多歲，我知道你非常優秀，你推薦的產品也很好，但是我選擇你，那麼將來誰來為我服務？等我老了估計你也已經退休了，正需要的時候，卻不能享受你的服務了。』」

「哈哈，明天和意外不曉得誰先到？風險隨時會來，誰會先走還不一定啦！何況不只是我，你買的是我們整個公司的服務啊！」

2012-10-20
14:58

437

【埋頭苦幹賣保單吧！】

許多人一直抱怨在大陸做保險賺不到錢！我想主要的問題有兩點：一，心一直定不下來，坐這山看那山高；二，不好好做銷售，腦袋總想著發展組織，讓別人來幫你扛轎子。主管不喜歡賣單，怎期望帶進來的人喜歡推銷？大家都不推銷，怎麼賺得到錢？就連組織津貼的源頭也是FYC❼啊？不好好做推銷，到哪都賺不到錢！

2012-10-20
21:27

❼ First Year Commission，首年度佣金。

功夫——千萬業務來自千萬努力

438

【你就是老闆】

不做推銷的人抱怨每天開發客戶、經營客戶，最後要求下訂單。這些工作很煩人，日復一日太辛苦了！其實，我們觀察各行各業的老闆，每一個人的主要工作，不就是這三件事情嗎？千萬不要忘了我是誰！**營銷員就是老闆！主動找客源、收入自主就是你的本分。**給自己的無能找一堆有尊嚴的藉口，其實是最沒有尊嚴的人！

2012-10-20
22:43

439

【做人，就要站穩腳跟】

Plant your feet and stand firm. The only question is where to put your feet!

只是你要選擇，你所站穩的位置。

一個人要選定位置，努力才有意義，潛質也才能開始發揮，如空中飛舞的種子必得落於土壤方能萌芽；更因為歲月生命的侷限性，才會結晶出成就！

2012-10-23
00:05

440

【No heavy rain, no beauty rainbow!】

所謂失敗為成功之母，你必須在失敗後知檢討，否則敗者恆敗。即使跌倒了，也得抓一把泥土，讓它醞釀成下一次力爭上游的肥沃土壤！

2012-10-24
12:00

441

我們這個行業本來就是被拒絕的市場，它的機會在於困難，魅力也在於如何化解客戶的拒絕！基本的態度是「沒有失敗，只有放棄；沒有挫折，只有困難」。準客戶只是尚未成交，何失敗之有？拒絕呈現的訊號是「Give me more information.」，好讓我做出對自己最有利的決定。營銷員一味拿拒絕當挫折，只會讓自己寸步難行！

2012-10-24
21:25

功夫——千萬業務來自千萬努力

客戶不是用約的，
而是要下苦功——親自拜訪。

442

【做對的事】

台灣的壹傳媒要賣了，有觀察家評論黎先生是個懂得把事做對的人，卻不見得在意做對的事。他自己一貫的說法，媒體不過是一盤生意而已。

評論或屬公允，人壽保險事業不僅僅是一盤生意，它更是社會的公器！我們選擇進入這個行業是「做對的事」，至於能不能把事做對，就要看「不以生意擺第一」的起心動念了。

2012-10-27
22:20

443

【開卷有益】

「Be the change!」人要改變，不要為了自己而改變，先去想你可以改變這個社會的什麼，從自己做起，周遭的人自然會受影響。

「Let life flow, you will have no regrets.」

不管人生想追求什麼，努力去做，結果就讓它順其自然，這樣便不會有遺憾（偶讀本月號《GQ》雜誌專題報導：「有自信、正面能量且散發女人味的謝欣穎」）。

◎有人說「世上唯一不變的真理就是變」，又有人說「人是不會改變的」，你相信哪一個呢？我同意人是很難自我改變的動物，但世事瞬息萬變，如果不「Be the Change」，如何處變不驚？建議大家，以「萬變應萬變」才能適者生存啊！

2012-10-28
22:41

功夫——千萬業務來自千萬努力

444

如果你求助神，說明你相信神有能力；如果神沒有幫助你，說明神相信你有能力！（好友黃廣成）

◎從來就沒有什麼救世主，但似乎大部分人都在期盼他人的幫助。貴人是有，但也有可能因自身的條件不足而失去。只有厚植競爭力，掌握自己的命運，才不會迷失自我，葬送了美麗的未來。求人更當求己。

2012-10-29
22:19

445

【做業務豈可順其自然】

大多數人渴望成功卻害怕成功，更怕付出了努力之後無法成功顏面盡失，所以對結局展現一種無所謂的假面豁達，一切順其自然。

未戰，已悄然給未知的失敗架好了階梯，更發明了「雖敗猶榮，志在參加」這種似是而非的論調。試問，既失敗了又哪來榮耀？其實避免失敗的唯一方法，就是下定決心獲得成功。

◎想成功不夠，要想成功「想瘋了」才行！

◎成交的意志＞拒絕的意志＝成交。

2012-10-30
23:06

446

【親戚為什麼難搞】

讓每個營銷員受傷最重的，往往不是陌生開發，反而是你認為最有把握的至親好友。陌生人拒絕你，我們坦然接受，卻無法承受親戚一桶接一桶的冷水！他們為什麼要出手這麼重，巴不得我們陣亡？理由很簡單，「自覺跑不掉嘛，沒事又要多出一筆交際費」，於是能免則免，能逃必逃，最好一次把你搞陣亡了，以絕後患！

2012-10-31
21:02

447

【你在這個行業能做七年嗎？】

收親朋好友的單不能視為理所當然，反而得付出更多的耐心！設身處地的想，他們或許先前早買了，業務員來時很熱心，去時冷冰冰。不愉快的經驗纏繞心頭陰影猶在，現在你又貿然出現，對你不能像趕陌生營銷員那般揮之則去；再買又怕重蹈覆轍，難怪會這麼氣急敗壞給我們難堪！讓時間證明你的優秀堅持與負責才是上策。

這篇微博太有感觸了，我的親戚保單有跟七年才成功的。

谷蘭如君：「收親朋好友的單不能視為理所當然，反而得付出更多的耐心！」大多數業務員總自以為收親朋好友的單可直接切入馬上就收，往往事與願違，結果要不是難以啟口，就是受傷得厲害。殊不知我們針對親人好友卻忽略了應該有的銷售循環節奏。

2012-10-31
22:03

448

【天道酬勤】

成功的公分母從來不是學歷、經驗、知識，而是力行於別人所不願做的事，而且持之以恆！下雨天、大熱天別人懶得出門，其實你也不願意；跟親戚好友別人開不了口，你也老大不願意；陌生開發別人害怕，你也沒兩樣。想要出頭天，實在太辛苦，安於平凡不就結了！

◎今天做別人不願做的事，明天就能做別人做不到的事。

2012-11-01
23:00

449

【有時候】

你會抬頭仰望天空，為什麼我要這麼辛苦？有時候，你很想問客戶，這麼好的產品，為什麼要一拖再拖？有時候，你更想問客戶，這麼熱血奮鬥的年輕人，為什麼不拉他一把？有時候，拖著沉重的腳步，一再的追問自己，放棄有那麼難嗎？其實，困厄的背後就是力量的發軔，不甘心與不服輸，伴我們跨越每一個遲疑的片刻！

2012-11-04
21:22

功夫——千萬業務來自千萬努力

450

【小時候】

我們立定各種志向，當老師、當飛行員、當科學家……卻從沒有立志要當推銷員。小時候跌倒了，很快自己爬起來，頂多擦擦眼淚，傷口很快就好了；現在跌倒了，很多人心裡的傷口久久難癒，甚至爬不起來；小時候飯來張嘴躺下就睡，長大後才發覺，要有那一口飯吃和那一張床睡是多麼不容易！努力堅強，孝順感恩，記憶小時候。

2012-11-05
22:04

451

【謙卑是一種智慧】

沒有卑賤的工作，只有卑賤的人格。掃廁所賣雞排擺地攤做推銷都不是卑賤的工作！大多數年輕人抗拒銷售行業，打從心底鄙視，殊不知，自以為偉大到不屑於做小事的人，一定卑微到無法成大事！謙卑的根源其實是自信，而非盲目的自大。讓我們從感恩出發，從謙卑做起，做一個到處受歡迎的人壽保險推銷員。

2012-11-08
21:30

林裕盛

452

【空杯學習，謙卑致遠】

我們從小都明白「登高必自卑，行遠必自邇」。事實上，破碎自己就是謙卑，放下尊嚴更是完全的謙卑！唯有如此，我們才能不斷學習日新又新，也唯有如此，我們才能除卻自我以客為尊。要知道，不走出自大的黑暗小巷，如何迎來自信謙遜受人歡迎的光明大道？一，從來不滿足自己的成就；二，從來不停止追求新知；三，從來不認為自己高人一等，不會輕視微小人物；四，永遠將榮耀歸給客戶和部屬（沒有一流客戶的支持，就沒有一流的我們）。

2012-11-08
21:50

453

在信義區侯布雄法式餐廳，和南山人壽十二位總監，共同祝賀我的恩師前老總林文英先生七十大壽！一九八二年林總剛由外勤轉內勤，我則剛進入外勤，一晃三十年眨眼過，老總特別疼我，摟著我的肩說：「裕盛啊，小兵立大功，我們共同走過那一段篳路藍縷，從而開創輝煌未來的光榮歲月。」英雄永不言老，眾人舉杯，笑祝老總身體健康歲歲年年！

2012-11-09
23:20

功夫——千萬業務來自千萬努力

454

【也是激勵】

一，沒有一桿完成的高爾夫比賽，你必須盡快忘掉失誤，全力迎向下一桿；二，習慣如繩索，每天織一根繩索，它就會粗大到無法扯斷；三，不養成好習慣，等於養成了壞習慣；四，從貧窮通往富裕的道路是開闊的，重要的是你要選對方向，並做個最努力的人；五，視工作為樂趣，人生就是天堂；視工作為義務，人生就是地獄。（美國實業家、慈善家洛克菲勒）

2012-11-10
19:37

455

閩南語有一句：「好天要積雨來糧。」意思是勸人要有積穀防災的觀念！我們都明白會賺錢只是徒弟，會存錢才是師父！建議二十五歲開始存股票（core stock），三十五歲存房子，四十五歲存債券基金。至於保險，是人生足球場上的守門員，有哪一個球隊沒有守門員呢？如果keep fit是一輩子的事，make fortune, keep rich更是一輩子的課題！

◎會賺錢≠會存錢≠有錢。現在有錢≠未來有錢。

2012-11-10
22:29

456

昨天還大太陽，怎麼鋒面今天就報到？

「Jerry，怎麼辦？」約好的Cargo老闆Jimmy一早問我。

「哈哈，台北下雨，就往南走，找到陽光為止！」

我想Jimmy忘了，當年他一直說不，我就一直去……直到他棄甲投降為止。為何最後要簽約呢？事後變成客戶後某次我問他，他說：「你這樣一直來，應該是對自己與產品有信心吧！哈哈哈，難不成為了你搬家不成？」

◎精誠所至，金石為開。兩軍對陣韌者勝！

2012-11-13
21:08

457

【豐富部屬方能豐富自己】

「有什麼需要我幫忙的，能幫的我一定幫，不能幫的我找人幫你。」多麼體己的話，這就是領導的精義！我們這個行業的外勤領導更需如此，不在管理而在服務！不在高處吆喝而能將心比心，贏得部屬的心才能眾志成城！領導不是設定一個目標讓大家去完成，而是凝聚團隊，竭盡所有力量一起去完成目標。

2012-11-14
22:49

功夫——千萬業務來自千萬努力

458

雜誌有一次採訪金城武，問他，你如何定義成功的男人？大帥哥的回答很有意思：「我認為成功的男人，就是要能保護他心愛的女人。」

陳董把建議書往桌上一擺，「裕盛啊，我覺得沒有很需要啊！」

「陳董，這張保單本來就對您沒什麼好處，買保險不是有人要死，而是有人還要活下去，更何況，不能天長地久的保護心愛的女人，算什麼男人？」

2012-11-15
22:00

459

【Never give up, never fail】

因為難，成功之後就比較不容易再失敗；因為窮，富有之後就比較不容易變貧窮。困苦的環境是老天給我們最大的恩賜，困難的行業更是上天給我們最好的禮物。為什麼你三十年都在這個行業呢？「因為，我一直找不到比人壽保險更困難的了。」堅守崗位服務人群，堅此百忍逆境上游，最後，珍惜擁有！

2012-11-19
16:48

460

【別怕陌生人】

三個意念助你名單滿滿，每個人都明白一個簡單的道理：誰擁有大量良質的準客戶名單，誰就是明日的贏家。隨時提高警覺，不輕易讓出現在你身邊的陌生人溜走。一，這個人不錯，要跟他認識一下（起心動念，七十%的人出第一念）；二，算了，下次吧，免得自找挫折（九十%敗在第二念）；三，頂尖高手身隨念起。鼓足勇氣走上前去。

◎開發陌生人當然會恐懼！與你分享一個觀念：成功的人就算恐懼也會採取行動；失敗的人卻會讓恐懼擋住他們的行動。

2012-11-20
23:12

功夫——千萬業務來自千萬努力

461

中午演講完，忙不迭地趕到杭州西湖國際球場，平安已安排好送到球場後送機。不想夢露十一點就微信來：「盛哥，我直接租車到酒店接你去球場……」拗不過她的盛情。唉，小小年紀怎麼如此體貼人情？做保險就是做人，做人一流，業績還會差嗎？謝謝夢露及平安浙江分公司各級主管內勤同仁的熱情接待。再別杭州，盛哥很快就會再回來。

2012-11-24
20:26

462

最近幾次演講，我一直把「熱情」擺在首位。在我們這個行業，所謂才能，並不是指這個人有多聰明或者一時的吉光片羽，一年兩年五年、十年、二十年、三十年的時間過去了，你能永保初入行的熱情和對理想堅定的態度，那才叫做才能！我們和陌生人需要熱情去破冰，和熟人需要熱情去維繫，建立壽險事業，更需要始終如一的熱情。

◎不只是因為有熱情才堅持下去，而是因為堅持下去就會有源源不斷的熱情。

2012-11-25
21:31

林裕盛

463

【慎思明辨】

有人說，拿一手好牌沒什麼了不起，能把一手爛牌打好才是厲害。真是這樣嗎？那，「朽木不可雕也」告誡了我們什麼？其實，拿一手好牌不需要有什麼罪惡感，那是你透過勤奮拜訪從無數沙礫中篩選出來的A級「準客戶」、「準增員對象」，working hard to working smart!集中有限的精力與王牌共舞，才是永遠的王道。

◎精練「撲克牌理論」13：4：1（《英雄同路》頁一九八）。

2012-11-26
22:24

464

【銷售三部曲】

怎麼經營開發、經營、成交？沒有一樣容易的！行動操之在我們，客戶掌握最後的決定權。用「專業」經營，展示專業形象配備知識；用「人脈」經營，客戶想到保險一定想到你。想到你，不一定是保險；用「禮物」經營，察言觀色，供其所需；用「心」經營，唯有真誠才能換取真誠，真誠明智的努力絕不白費。牢記，攻心為上！

2012-11-27
22:51

功夫——千萬業務來自千萬努力

465

人的一生，或大或小，或多或少，總要給自己留下一個不朽的傳奇。打造一堵連續的榮譽之牆，既無退路，只能奮勇向前！不是因為有熱情才堅持；而是因為堅持下去，贏得榮耀，就會有源源不絕的熱情，助我們克服萬般困難持續前行。這就是四星會的真諦！（平安的鑽石會，友邦五星會❽）

❽性質同四星會（每月四件，FYC（First-Year Commission）25000）。

2012-11-28
16:25

466

噠噠的馬蹄到了寧波，為明天平安保險二〇一三年的開門紅做分享。

首先建立「領先」的觀念，一個月的目標上半月完成；一年的業績槍聲一響就做出氣勢；一輩子的收入在上半場完成，然後我們才可以從容疆場、悠哉人生。其次最重要的依然是「態度」，如果我不能我就一定要；當我一定要我就一定能！祝大家一馬當先開門大吉！

2012-11-29
00:26

467

做保險從來沒有最好的時機，只有最好的努力！只要我們下決心在這個行業持續前行，繼承所有成功前輩的人格基因，同時結交勇氣、積極、堅持三位朋友，表現出一副志在必得的樣子，好事終將臨門。過去的失敗不必在意，過去的輝煌更只是前奏，重點是我們要飛往何處去，祝福大家飛得又高又遠！再次謝謝肖總的熱情接待。

2012-11-29
16:26

468

今晚在車裡重聽戰神早期的錄音帶，久違的聲音，深受感動和激動。

打開微博不經意看到這一段，真的感觸良深！多少年過去了，曾經的演講還能持續激勵後輩，除了內心光彩一現，更多的是對於後進者不懈的奮鬥所感動！「勤學、勤做、勤變」是我早期台上分享的主軸，到現在審視起來，依舊有它的亮點。除了艱苦卓絕，我們無

2012-12-03
00:23

功夫——千萬業務來自千萬努力

法出類拔萃；除了出類拔萃，我們無以回報這個行業的艱辛！衷心祝福大家。

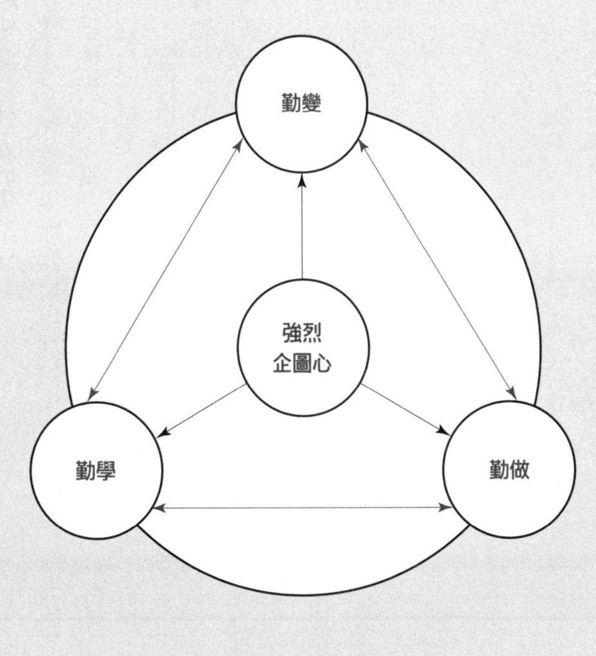

469

【牢記信任大於專業】

企業大老闆其實很願意給認真的年輕人機會。重點在於你是否合乎他內心深處「有為的年輕人」：一，外型整潔明亮，臉上始終掛著微笑；二，對自己的公司充滿向心力，對未來充滿憧憬，對提供的商品充滿信心；三，信任帶動專業；四，談吐有料勤做功課，話題也始終繞著客戶轉，如企業經營、婚姻、親子關係、健康旅遊等等；五，觀察入微，細緻驚喜的服務。

在大老闆面前，不要急切的想表達你的專業，他講一句，你接著滔滔不絕，那就完蛋了。真實的情況是，他往往懂的比我們想像的多！少說多聽，做一個津津有味的傾聽者絕對有助於最後的銷售。理財知識您一定很內行，豈敢班門弄斧，只不過提供一個產品給您，看能否有助於您全面的資產配置於萬一。

◎聽見客戶聲音沙啞，也許就在客戶桌上擺上一瓶川貝枇杷膏，加上一張小小的便條紙——

「董事長，您日理萬機之餘，別忘了要好好照顧自己的身體，有健康的身體，才是商場致勝的本錢啊！」

◎如何贏得客戶的喜歡與信任，才是我們最高的專業！

◎弄清楚「專業」的真正意涵，能成交的業務員，才稱得上專業。

2012-12-03
20:12

470

仔細想想能在保險公司創業，半夜都該偷笑。其他行業的老闆每天眼睛一睜開，就是一大筆一大筆的開銷：水電、房租、人事成本，東西好賣怕沒貨，賣不出去變存貨。我們這個行業沒有存貨不用擔心沒貨，更沒有數不完的營運成本，頂多，就是煩惱業績罷了，那麼請問，有哪一個大老闆不用煩惱業績？知足惜福，輕盈步伐，快樂前行吧！

◎這個行業是困難的、不輕鬆的，但未來是美好的！

◎每天早上都要笑著醒來，這世上還有這麼困難的行業讓我們去做。歷經五年、十年、二十年，我們仍屹立在這個行業，你的收入將進入世上高收入的前五%！

2012-12-04
22:30

471

「我爸媽『反對』我做保險。」父母不是反對你做保險，是反對你「做保險失敗」，如果你能在保險業成功，他們怎麼會反對呢？做保險「壓力」好大。不對，是「生活的壓力」好大，更何況，哪一個企業家沒有壓力呢？連皮球都要有壓力才彈得起來嘛；做保險沒「尊嚴」。又錯了，是收入低才沒尊嚴！沒有卑賤的工作，只有卑賤的人格。

2012-12-06
22:39

472

這個行業如果不難，就輪不到我們做了；如果不難，怎麼會有那麼多人裹足不前，會有那麼高的淘汰率；又怎麼會有相對的高收入？難在我們是否堅信這是一個對的行業，是否用正確的心態去面對客戶，是否明白客戶得到的永遠比我們多，是否對專業與非專業知識無止境的追求，是否最終為了完成任務，我們甚且願意放下身段。

◎最大的困難代表最高的收入與最深的挑戰。年輕人選擇工作不應看它難不難，而是洞悉困難背後的機遇！

◎難在我們是否肯為自己的懶惰痛下殺手！

◎難在我們是否堅定「選擇了路的開頭就選擇了路的盡頭」。

2012-12-10
22:22

功夫——千萬業務來自千萬努力

思維永遠是王牌。
營銷員遇到困難不會思索出路，如何脫困？

473

一，富人也有買高額醫療險的認知，三十六萬保費不是一筆小數字；五百萬的理賠金更不是小數字！二，在保險公司開了個戶頭；保險公司同時也為你開了個帳戶，有一天，只是這兩個戶頭交換；三，生命醫療的代價是如此的昂貴，付出是必然的；問題只在於現在要不要付出相對小的代價而已；四，客戶、營銷員、保險公司都善盡了角色的扮演。

◎營銷員給客戶做了合乎需求的保險規則（本分），
客戶接受了營銷員的建議並體驗繳費（義務），
保險公司本著誠信原則兌現了保險的承諾（責任）。

2012-12-15
23:19

474

【急功近利，欲速不達】

Well, maybe trying to get ahead, you just fell behind.

多數新人進了職場不久，總羨慕別人收大單，老想著自己何時才能出頭天，終日栖栖皇皇，忘了萬丈高樓平地起。一，厚積薄發是硬道理；二，服務好現在的小小客戶；三，訓練並要求自己每天結交新朋友。要怎麼收穫先怎麼栽，只要步步扎實，終會到位！

◎我從小業務員成長；客戶也從小公司成長。只要我們不離開這個行業，只要客戶慢慢茁壯成大公司，三年、五年、十年的交情建立起來，請問，還有誰能搶走你的生意呢？做生意，初期靠膽識，中期靠服務，長期看交情！

2012-12-16
22:33

475

【與高手同行】

《少年Pi的奇幻漂流》最發人深省的對白是：「沒有理查．帕克（老虎），我早就死了；對牠的恐懼，讓我保持清醒，照顧牠的需求，讓我得到意義。」

激發你的層次，刺激你的潛力，從而讓自己往上躍升。初入行時拚命擠入高手的座車一起去見客戶，學習他們如何和客戶過招，真是大開眼界，從此力爭上游與之同行的決心油然而生。

◎每個行業都有競爭，競爭代表市場蓬勃是好事！「與狼共舞」也是這個意思，重點在於「與高手同行，向高手學習」，培養我們的核心競爭力。這是叢林法則，唯適者生存！

2012-12-20
23:23

476

【思考】

有三點五億的人都可以投資保險公司了，還需要買保險在乎遺產稅嗎？我們要關注的大單可以鎖定資產在五千至三億人民幣之間的對象，資產超過十億以上的頂級富豪，正派的寧願如實繳稅博得身後名，有的是旁門左道隱匿資產；再者，你跟他提了大單計劃，他去問會計師，隔天會計師的保險朋友就取你而代之了。

2012-12-22
21:54

477

X「合理合法最省心的『避稅』是賣巨額人壽保險。」
O「合理合法最省心的『節稅』是賣巨額人壽保險。」
違反法律規定是「逃稅」；鑽法律漏洞是「避稅」；合於法規謂之「節稅」！營銷人員要專業一點，學問之道貴在用心專精，不要以訛傳訛，更忌囫圇吞棗！

2012-12-23
22:11

功夫——千萬業務來自千萬努力

給客戶他想要或心裡想要嘴裡沒說出來的，
他就會給你你想要的！

478

趁著平安夜，白天球場沒什麼人，難得冬陽微露，人生拚搏至此，真如導演馮小剛所言：「年過半百終於活明白，哄著自己玩，讓自己高興才是真格的，其他全是瞎掰。真不明白那些賺了錢的哥們為什麼還沒黑沒白的掙命？有勁嗎？賺多少算夠？帶得走嗎？去山西採景，看了十幾座百年大宅，主人均已無處尋覓，拿鑰匙的都是不相干的人。」

2012-12-24
21:38

479

飛得又高又遠是每個人的夢想，像風箏一樣。別忘了線的那頭，是永遠支持我們的公司、家人，和萬千的客戶。永遠感恩。「感恩與回饋」位列成功者八大習慣之首！

2012-12-25
17:35

480

回到初來的心，靠一己的力量打出一片天！人壽保險事業之所以可貴，就在於一個年輕人手無寸金，憑藉著保單的銷售即可致富。因此，銷售是我們永遠的起點與終點，你必須在推銷保單中取得快樂。明白過程中客戶所有的拒絕不過是一種考驗，驗證我們是否真正值得終身託付？體悟了這種使命感，我們才能共享這個行業的尊榮。

2012-12-26
11:56

下午分享聽說是轟動全場，近三千人的場面，平安深壽軍容旺盛，鬥志昂揚！

饒總說：「二〇一二是困難的、辛苦的，但卻是豐收的！展望二〇一三，充滿希望的一年。『二〇一三，愛你一生。一三，躍升：全面提升增員、提升收入、提升客戶自主經營。』『但有一事卻比金錢更重要，就是信念與堅持。』」

掌聲哨聲齊飛，有幸參與，共同見證了這志氣飛揚的一刻。

2012-12-26
19:50

功夫——千萬業務來自千萬努力

482

【豐功偉業】

一個人壽保險推銷員，不管職位高低，不管任職長短，不怕客戶拒絕，無懼日曬雨淋，不分月黑風高，只要不辭辛勞不以為苦，每天恪盡本分，到市場上挨家挨戶去推銷保單，就是一份豐功偉業！幾個年頭過去了，你慢慢累積起聲望，終於客戶認同了我們的人品敬業，日復一日向你靠攏，年復一年支持我們，這就是一份豐功偉業！

2012-12-27
22:38

483

【幹嘛留財？】

如何透過遺產稅做大單，最近甚囂塵上沸沸揚揚。

我的做法是以退為進：

「裕盛啊，你為什麼都不提呢？」

「陳董，錢生不帶來，死不帶去。你的任何一種有價資產都應該在當下善加利用，造福自己也造福你所愛的人，最後一天歸去時，留在銀行帳戶裡的每一塊錢都是一種浪費。你的優先順序應該是現在管理的權利，而不是死後支配的方式。」

2012-12-29
21:57

【以退為進】

「陳董，你已經買那麼多保單了，留給小孩也夠多了，剩下的夫妻倆多多享受，花光不就結了，還買什麼遺產稅保單？有子若賢何需留財，若子不賢留財何用？」

有本書《破產上天堂》，講的是過多的繼承對被繼承人和社會事實上有所損害，與其死後留遺產，不如生前善用財富，在有生之年將你的有價資產做最好的利用。

2012-12-30
21:27

485

年過半百，歲月像溜滑梯一樣，還不帶煞車。珍惜青春啊！歲月公平而無情，關鍵在於我們是否懂得及時努力？

二〇一二是困難的、辛苦的，但卻是豐收的！展望二〇一三充滿希望的一年，「二〇一三，愛你一生」，用愛全力傾注我們的保險事業，未來的一年必當又是屬於我們將來記憶中最輝煌的年代。一三，全面躍升！Happy 2013, everybody!

2012-12-31
21:45

功夫——千萬業務來自千萬努力

486

二〇一三年營銷員最需要修練的功夫——「彎得下腰才是成熟；放得下身段才是高手。」什麼是營銷？顧名思義，先「經營」後推銷嘛！經營客戶對我們的好感、信任，經營客戶對我們的刮目相看。仔細想想，客戶憑什麼對你刮目相看？是你的專業知識嗎？是你講解保單意義功能的能力嗎？還是你藉遺產稅之名推大單的企圖嗎？仔細想想！

2012-12-31
22:52

487

【思維才是王牌】

「一念天堂，一念地獄。」

「一件事往好的想，就是天堂；往不好的想，就成了地獄。」淬鍊新的一年，準客戶的拒絕，是為了給我們思考的空間；主管的叮嚀，是為了給我們發展的空間；客戶的抱怨，是為了給我們成長的空間；部屬的問煩，是為了給我們改變的空間。凡事往壞處想，舉步維艱；往好處想，地獄變天堂。

2013-01-01
19:22

488

每個人都想高踞山頂，但所有的淬鍊和成長都發生在爬山的過程中。可惜冠軍永遠只有一個，但對所有參賽者而言，何嘗不是一種收穫？

2013-01-05
11:44

489

送了福字禮盒去給溫姐，不想她劈頭就對我說：「裕盛啊，去年我們夫妻加買的那張重疾十八項我看意義不大，今年是不是不要繳了？」

「溫姐，去年你付了保費有沒有影響你的生活？應該沒有，這一點點錢往後妳都拿得出來的，買這張單不是想賺錢；而是確保生活不要被醫療費拖垮。」

◎買保險不是用來改變生活，而是用來預防生活被改變。

2013-01-07
21:41

功夫——千萬業務來自千萬努力

選擇行業，千萬睜大眼睛；
進入保險業，千萬一定要成功！

490

太容易的路，可能根本就不能帶你去任何地方。不忘記自己為什麼出發，就不怕走得辛苦。成功的人是最容易被別人激勵與最會自我激勵的人！

2013-01-07
23:01

491

【白手起家也可以當富翁】

白手起家也可以當富翁，你必須做到：一，敢於冒風險、創業或從事高收入的業務工作；二，勤奮工作；三，從賺到第一份薪水就開始儲蓄，為退休準備；四，有效投資股票、房地產等等；五，致力節儉並身教子女；六，正當繳稅但致力節稅（稅金吃掉了我們大部分的收入）；七，足額的風險規劃（善用保險）。風險比稅金可怕，很可能摧毀了我們所有的資產。

2013-01-11
16:04

492

世上沒有一種商品像人壽保險一樣，只有好處沒有壞處，客戶需要時給他最多的錢，不需要時把錢還給他；世上沒有一種行業像人壽保險推銷員一樣，只有助人不會害人，從誤解出發，忍辱負重，一逕向前，以尊榮收尾。萬般福分我們選擇了這個行業，選擇決定方向，勤奮決定距離，堅持決定成就。除了成就非凡，我們別無選擇。

2013-01-16
21:58

卷末語

【啟航】

意猶未盡吧！
人生可以夢想，生活應該規劃，幸福放力追求。
但我們必須充分準備，並勇氣十足。
既已選擇同路，就得下足千萬功夫，一起稱英雄。
期待再相會，真的。祝福大家！

裕盛　二〇一三四月三十日

國家圖書館預行編目資料

功夫：千萬業務來自千萬努力／林裕盛著
--初版.--臺北市：寶瓶文化, 2013.05
面； 公分.--(Vision；108)

ISBN 978-986-5896-28-7（平裝）

1.銷售　2.職場成功法

496.5　　102007673

Vision 108

功夫——千萬業務來自千萬努力

作者／林裕盛

發行人／張寶琴
社長兼總編輯／朱亞君
副總編輯／張純玲
資深編輯／丁慧瑋　編輯／林婕伃
美術主編／林慧雯
校對／禹鐘月・陳佩伶・呂佳真・林裕盛
營銷部主任／林歆婕　業務專員／林裕翔　企劃專員／李祉萱
財務主任／歐素琪
出版者／寶瓶文化事業股份有限公司
地址／台北市110信義區基隆路一段180號8樓
電話／(02)27494988　傳真／(02)27495072
郵政劃撥／19446403　寶瓶文化事業股份有限公司
印刷廠／世和印製企業有限公司
總經銷／大和書報圖書股份有限公司　電話／(02)89902588
地址／新北市五股工業區五工五路2號　傳真／(02)22997900
E-mail／aquarius@udngroup.com

法律顧問／理律法律事務所陳長文律師、蔣大中律師

著作完成日期／二〇一三年三月
初版一刷日期／二〇一三年五月八日
初版六刷+日期／二〇一九年十月二十八日

ISBN／978-986-5896-28-7
定價／三一〇元

AQUARIUS 寶瓶 文化事業

愛書人卡

感謝您熱心的為我們填寫，
對您的意見，我們會認真的加以參考，
希望寶瓶文化推出的每一本書，都能得到您的肯定與永遠的支持。

系列：Vision108　**書名：功夫——千萬業務來自千萬努力**

1. 姓名：________　性別：□男　□女
2. 生日：____年____月____日
3. 教育程度：□大學以上　□大學　□專科　□高中、高職　□高中職以下
4. 職業：________
5. 聯絡地址：________________
   聯絡電話：________　手機：________
6. E-mail信箱：________________
   □同意　□不同意　免費獲得寶瓶文化叢書訊息
7. 購買日期：____ 年 ____ 月 ____日
8. 您得知本書的管道：□報紙／雜誌　□電視／電台　□親友介紹　□逛書店　□網路
   □傳單／海報　□廣告　□其他
9. 您在哪裡買到本書：□書店，店名________　□劃撥　□現場活動　□贈書
   □網路購書，網站名稱：________　□其他________
10. 對本書的建議：（請填代號　1.滿意　2.尚可　3.再改進，請提供意見）
    內容：________
    封面：________
    編排：________
    其他：________
    綜合意見：________________
11. 希望我們未來出版哪一類的書籍：________________

讓文字與書寫的聲音大鳴大放

寶瓶文化事業股份有限公司

（請沿此虛線剪下）

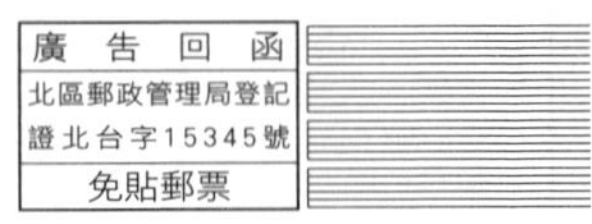

寶瓶文化事業股份有限公司　收

110台北市信義區基隆路一段180號8樓

8F,180 KEELUNG RD.,SEC.1,

TAIPEI.(110)TAIWAN R.O.C.

（請沿虛線對折後寄回，謝謝）